2018版安徽省建设工程计价依据

安徽省建设工程工程量清单计价办法

（建筑及装饰装修工程）

主编部门：安徽省建设工程造价管理总站编

批准部门：安徽省住房和城乡建设厅

施行日期：2 0 1 8 年 1 月 1 日

中国建材工业出版社

图书在版编目（CIP）数据

安徽省建设工程工程量清单计价办法．建筑及装饰装修工
程/安徽省建设工程造价管理总站编．--北京：
中国建材工业出版社，2018.1（2024.1 重印）
（2018 版安徽省建设工程计价依据）
ISBN 978-7-5160-2082-1

Ⅰ．①安…　Ⅱ．①安…　Ⅲ．①建筑装饰—工程造价—
安徽　Ⅳ．①TU723.3

中国版本图书馆 CIP 数据核字（2017）第 264852 号

安徽省建设工程工程量清单计价办法（建筑及装饰装修工程）
安徽省建设工程造价管理总站　编

出版发行：中国建材工业出版社
地　　　址：北京市海淀区三里河路 11 号
邮　　　编：100831
经　　　销：全国各地新华书店
印　　　刷：北京雁林吉兆印刷有限公司
开　　　本：787mm×1092mm　1/16
印　　　张：6.75
字　　　数：150 千字
版　　　次：2018 年 1 月第 1 版
印　　　次：2024 年 1 月第 4 次
定　　　价：**78.00 元**
_____

本社网址：**www. jccbs. com**　　微信公众号：**zgjcgycbs**
本书如出现印装质量问题，由我社市场营销部负责调换。联系电话：（010）57811387

安徽省住房和城乡建设厅发布

建标〔2017〕191 号

安徽省住房和城乡建设厅关于发布 2018 版安徽省
建设工程计价依据的通知

各市住房城乡建设委（城乡建设委、城乡规划建设委），广德、宿松县住房城乡建设委（局），省直有关单位：

为适应安徽省建筑市场发展需要，规范建设工程造价计价行为，合理确定工程造价，根据国家有关规范、标准，结合我省实际，我厅组织编制了 2018 版安徽省建设工程计价依据（以下简称 2018 版计价依据），现予以发布，并将有关事项通知如下：

一、2018 版计价依据包括：《安徽省建设工程工程量清单计价办法》《安徽省建设工程费用定额》《安徽省建设工程施工机械台班费用编制规则》《安徽省建设工程计价定额（共用册）》《安徽省建筑工程计价定额》《安徽省装饰装修工程计价定额》《安徽省安装工程计价定额》《安徽省市政工程计价定额》《安徽省园林绿化工程计价定额》《安徽省仿古建筑工程计价定额》。

二、2018 版计价依据自 2018 年 1 月 1 日起施行。凡 2018 年 1 月 1 日前已签订施工合同的工程，其计价依据仍按原合同执行。

三、原省建设厅建定〔2005〕101 号、建定〔2005〕102 号、建定〔2008〕259 号文件发布的计价依据，自 2018 年 1 月 1 日起同时废止。

四、2018 版计价依据由安徽省建设工程造价管理总站负责管理与解释。在执行过程中，如有问题和意见，请及时向安徽省建设工程造价管理总站反馈。

安徽省住房和城乡建设厅

2017 年 9 月 26 日

编制委员会

主　　任　宋直刚

成　　员　王晓魁　王胜波　王成球　杨　博
　　　　　江　冰　李　萍　史劲松

主　　审　王成球

主　　编　李　萍

副 主 编　孙荣芳　姜　峰

参　　编　（排名不分先后）

　　　　　王　瑞　仇圣光　陈昭言　赵维树
　　　　　王　瑾　柳向东　李永红　陈　兵
　　　　　徐　刚　卫先芳　王　丽　盛仲方
　　　　　程向荣　魏丽丽　强　祥　罗　庄

参　　审　黄　峰　何朝霞　张正金　潘兴琳
　　　　　赵维树　朱建华

目　　录

建设工程工程量清单计价办法

一 总 则

1. 为规范我省建设工程工程量清单计价行为，统一建设工程工程量清单计价文件的编制原则和计价方法，根据国家标准《建设工程工程量清单计价规范》及其有关工程量计算规范、《建筑工程施工发包与承包计价管理办法》、《安徽省建设工程造价管理条例》等法律法规及有关规定，结合本省实际情况，制定本办法。

2. 本办法适用于本省行政区域内新建、扩建、改建等建设工程发承包及实施阶段的工程量清单计价活动。

3. 本办法所称的建设工程包括：建筑工程、装饰装修工程、安装工程、市政工程、园林绿化工程、仿古建筑工程等。

4. 本办法是我省建设工程计价依据的组成部分，建设工程工程量清单计价活动，除应遵守本办法外，还应符合国家、本省现行有关法律法规和标准的规定。

二 建设工程造价费用构成

建设工程造价由分部分项工程费、措施项目费、不可竞争费、其他项目费和税金构成。

一、分部分项工程费

分部分项工程费是指各专业工程的分部分项工程应予列出的各项费用，人工费、材料费、机械费和综合费构成。

1. 人工费：是指支付给从事建设工程施工的生产工人和附属生产单位工人的各项费用。包括：工资、奖金、津贴补贴、职工福利费、劳动保护费、社会保险费、住房公积金、工会经费和职工教育经费。

（1）工资：指按计时工资标准和工作时间支付给个人的劳动报酬，或对已做工作按计件单价支付的劳动报酬。

（2）奖金：是指对超额劳动和增收节支支付给个人的劳动报酬。

（3）津贴补贴：是指为了补偿职工特殊或额外的劳动消耗和因其他特殊原因支付给个人的津贴，以及为了保证职工工资水平不受物价影响支付给个人的物价补贴。

（4）职工福利费：是指企业按工资一定比例提取出来的专门用于职工医疗、补助以及其他福利事业的经费。包括发放给职工或为职工支付的各项现金补贴和非货币性集体福利。

（5）劳动保护费：是企业按规定发放的劳动保护用品的支出。如工作服、手套、防暑降温饮料以及在有碍身体健康的环境中施工的保健费用等。

（6）社会保险费：在社会保险基金的筹集过程当中，职工和企业（用人单位）按照规定的数额和期限向社会保险管理机构缴纳费用，它是社会保险基金的最主要来源。包括养老保险费、医疗保险费、失业保险费、工伤保险费、生育保险费。

① 养老保险费：是指企业按照规定标准为职工缴纳的基本养老保险费。

② 医疗保险费：是指企业按照规定标准为职工缴纳的基本医疗保险费。

③ 失业保险费：是指企业按照规定标准为职工缴纳的失业保险费。

④ 工伤保险费：是指企业按照规定标准为职工缴纳的工伤保险费。

⑤ 生育保险费：是指企业按照规定标准为职工缴纳的生育保险费。

（7）住房公积金：是指企业按规定标准为职工缴纳的住房公积金。

（8）工会经费：是指企业按《工会法》规定的全部职工工资总额比例计提的工会经费。

（9）职工教育经费：是指按职工工资总额的规定比例计提，企业为职工进行专业技术和职业技能培训，专业技术人员继续教育、职工职业技能鉴定、职业资格认定、农民工现场安全和素质教育，以及根据需要对职工进行各类文化教育所发生的费用。

2. 材料费：是指施工过程中耗费的原材料、辅助材料、构配件、零件、半成品或成品、工程设备的费用。内容包括：

（1）材料原价：是指材料、工程设备的出厂价格或商家供应价格。

（2）运杂费：是指材料、工程设备自来源地运至工地仓库或指定堆放地点所发生的全部费用。

（3）运输损耗费：是指材料在运输装卸过程中不可避免的损耗。

（4）采购及保管费：是指为组织采购、供应和保管材料、工程设备的过程中所需要的各项费用。包括采购费、仓储费、工地保管费、仓储损耗。

3. 机械费：是指施工作业所发生的施工机械、仪器仪表使用费或其租赁费。

（1）施工机械使用费：以施工机械台班消耗量乘以施工机械台班单价表示，施工机械台班单价应由下列七项费用组成：

① 折旧费：是指施工机械在规定的耐用总台班内，陆续收回其原值的费用。

② 检修费：是指施工机械在规定的耐用总台班内，按规定的检修间隔进行必要的检修，以恢复其正常功能所需的费用。

③ 维护费：是指施工机械在规定的耐用总台班内，按规定的维护间隔进行各级维护和临时故障排除所需的费用。保障机械正常运转所需替换设备与随机配备工具附具的摊销费用、机械运转及日常维护所需润滑与擦拭的材料费用及机械停滞期间的维护费用等。

④ 安拆费及场外运费：安拆费是指施工机械在现场进行安装与拆卸所需的人工、材料、机械和试转费用以及机械辅助设施的折旧、搭设、拆除等费用；场外运费是指施工机械整体或分体自停放地点运至施工现场或由一施工地点运至另一施工地点的运输、装卸、辅助材料等费用。

⑤ 人工费：是指施工机械机上司机（司炉）和其他操作人员的人工费。

⑥ 燃料动力费：是指施工机械在运转作业中所消耗的各种燃料及水、电等费用。

⑦ 其他费用：是指施工机械按照国家规定应缴纳的车船税、保险费及检测费等。

（2）仪器仪表使用费：是指工程施工所需使用的仪器仪表的摊销及维修费用。

4. 综合费

综合费是由企业管理费、利润构成。

（1）企业管理费：是指建设工程施工企业组织施工生产和经营管理所需的费用，内容包括：

① 管理人员工资：是指按规定支付给管理人员的工资、奖金、津贴补贴、职工福利费、劳动保护费、社会保险费、住房公积金、工会经费和职工教育经费。

② 办公费：是指企业管理办公用的文具、纸张、账表、印刷、邮电、书报、办公软件、现场监控、会议、水电、烧水和集体取暖降温（包括现场临时宿舍取暖降温）等费用。

③ 差旅交通费：是指职工因公出差、调动工作的差旅费、住勤补助费，市内交通费和误餐补助费，职工探亲路费，劳动力招募费，职工退休、退职一次性路费，工伤人员就医路费，工地转移费以及管理部门使用的交通工具的油料、燃料等费用。

④ 固定资产使用费：是指管理和试验部门及附属生产单位使用的属于固定资产的房屋、设备、仪器等的折旧、大修、维修或租赁费。

⑤ 工具用具使用费：是指企业施工生产和管理使用的不属于固定资产的工具、器具、家具、交通工具和检验、试验、测绘、消防用具等的购置、维修和摊销费。

⑥ 福利费：是指企业按工资一定比例提取出来的专门用于职工医疗、补助以及其他福利事业的经费。包括发放给管理人员或为管理人员支付的各项现金补贴和非货币性集体福利。

⑦ 检验试验费：是指施工企业按照有关标准规定，对建筑以及材料、构件和建筑安装物进行一般鉴定、检查所发生的费用，包括自设试验室进行试验所耗用的材料等费用。不包括新结构、新材料的试验费，对构件做破坏性试验及其他特殊要求检验试验的费用和建设单位委托检测机构进行检测的费用，对此类检测发生的费用，由建设单位在工程建设其他费用中列支。但对施工企业提供的具有合格证明的材料进行检测不合格的，该检测费用由施工企业支付。

⑧ 财产保险费：是指施工管理用财产、车辆等的保险费用。

⑨ 财务费：是指企业为施工生产筹集资金或提供预付款担保、履约担保、职工工资支付担保等所发生的各种费用。

⑩ 税金：是指企业按规定缴纳的房产税、车船使用税、土地使用税、印花税、城市维护建设税、教育费附加、地方教育附加以及水利建设基金等。

⑪ 其他：包括技术转让费、技术开发费、投标费、业务招待费、绿化费、广告费、公证费、法律顾问费、审计费、咨询费、其他保险费等。

（2）利润：是指施工企业完成所承包工程获得的盈利。

二、措施项目费

措施项目费是指为完成建设工程施工，发生于该工程施工前和施工过程中的技术、生活、安全等方面的费用。主要由下列费用构成：

1. 夜间施工增加费：是指正常作业因夜间施工所发生的夜班补助费、夜间施工降效、夜间施工照明设施、交通标志、安全标牌、警示灯等移动和安拆费用。

2. 二次搬运费：是指因施工场地条件限制而发生的材料、成品、半成品等一次运输不能到达堆放地点，必须进行二次或多次搬运所发生的费用。

3. 冬雨季施工增加费：是指在冬季或雨季施工需增加的临时设施搭拆、施工现场的防滑处理、雨雪清除，对砌体、混凝土等保温养护，人工及施工机械效率降低等费用。不包括设计要求混凝土内添加防冻剂的费用。

4. 已完工程及设备保护费：是指竣工验收前，对已完工程及设备采取的覆盖、包裹、封闭、隔离等必要保护措施所发生的费用。

5. 工程定位复测费：是指工程施工过程中进行全部施工测量放线和复测工作的费用。

6. 临时保护设施费：是指在工程施工过程中，对已建成的地上、地下设施和建筑物进行的遮盖、封闭、隔离等必要保护措施所发生的费用。

7. 赶工措施费：建设单位要求施工工期少于我省现行定额工期 20％时，施工企业为满足工期要求，采取相应措施而发生的费用。

8. 其他措施项目费：是指根据各专业特点、地区和工程特点所需要的措施费用。

三、不可竞争费

不可竞争费是指不能采用竞争的方式支出的费用，由安全文明施工费和工程排污费构成，安全文明施工费中包含扬尘污染防治费。编制与审核建设工程造价时，其费率应按定额规定费率计取，不得调整。

（一）安全文明施工费：由环境保护费、文明施工费、安全施工费和临时设施费构成。

1. 环境保护费：是指施工现场为达到环保部门要求所需要的各项费用。

2. 文明施工费：是指施工现场文明施工所需要的各项费用。

3. 安全施工费：是指施工现场安全施工所需要的各项费用。

4. 临时设施费：是指施工企业为进行建设工程施工所必须搭设的生活和生产用的临时建筑物、构筑物和其他临时设施费用。包括临时设施的搭设、维修、拆除、清理费或摊销费等。

（二）工程排污费：是指按规定缴纳的施工现场工程排污费。

其他应列入而未列的不可竞争费，按实际发生计取。

四、其他项目费

1. 暂列金额：是指建设单位在工程量清单或施工承包合同中暂定并包括在工程合同价款中的一笔款项。用于施工合同签订时尚未确定或者不可预见的所需材料、工程设备、服务的采购，施工中可能发生的工程变更、合同约定调整因素出现时的工程价款调整以及发生的索赔、现场签证确认等的费用。

2. 专业工程暂估价：是指建设单位在工程量清单中提供的用于支付必然发生但暂时不能确定价格的专业工程的金额。

3. 计日工：是指在施工过程中，施工企业完成建设单位提出的施工图以外的零星项目或工作所需的费用。

4. 总承包服务费：是指总承包人为配合、协调建设单位进行的专业工程发包，对建设单位自行采购的材料、工程设备等进行保管以及施工现场管理、竣工资料汇总整理等服务所需的费用。

五、税金

税金是指国家税法规定的应计入建设工程造价内的增值税。

三　工程量清单计价规定

1. 建设工程工程量清单计价活动应遵循公开、公正、客观和诚实信用的原则。

2. 招标工程量清单、最高投标限价、投标报价、工程计量、合同价款调整、合同价款结算与支付、竣工结算与支付以及工程造价鉴定等工程造价文件的编制与审核，应由具有专业资格的工程造价专业人员承担。

3. 承担工程造价文件编制与审核的工程造价专业人员及其所在单位，应对其工程造价文件的质量负责。

4. 采用工程量清单计价方式招标的建设工程，招标人应当按规定编制并公布最高投标限价。公布的最高投标限价，应当包括总价、各单位工程分部分项工程费、措施项目费、其他项目费、不可竞争性费用和税金。

4. 投标报价低于工程成本或高于最高投标限价的，评标委员会应当否决投标人的投标。

5. 分部分项工程项目清单编制与审核应符合下列要求：

5.1　项目编码，应采用十二位阿拉伯数字表示，一至九位应按本办法"清单项目计价指引"中的项目编码设置。十至十二位应根据拟建工程的工程量清单项目名称和项目特征设置，自001起按顺序编制，同一招标工程的项目编码不得有重码。

5.2　项目名称应按本办法"清单项目计价指引"中的相应结合拟建工程实际，名称填写。

5.3　分部分项工程量清单的项目特征按本办法"清单项目计价指引"中规定的项目特征，结合拟建工程项目实际予以描述。

5.4　计量单位应按本办法"清单项目计价指引"中相应项目的计量单位确定。

5.5　工程数量应按本办法"清单项目计价指引"中相应项目工程量计算规则，结合拟建工程实际进行计算。工程数量的有效数应遵守以下规定：以"吨"为单位，应保留小数点后三位数字，第四位四舍五入；以"立方米"、"平方米"、"米"、"公斤"为单位，应保留小数后两位数字，第三位四舍五入；以"个"、"组"、"套"、"块"、"樘"、"项"等为单位，应取整数。

6. 措施项目清单应结合拟建工程的实际情况和常规的施工方案进行列项，并依据省建设工程费用定额的规定进行编制。遇省建设工程费用定额缺项的措施项目，工程量清单编制人应根据拟建工程的实际情况进行补充，补充的措施项目，应填写在相应措施项目清单最后。

7. 暂列金额、暂估价的累计金额分别不得超过最高投标限价的10%。

8. 计日工的暂定数量应按拟建工程情况进行估算。

9. 总承包服务费应根据拟建工程情况和招标要求列出服务项目及其内容，并根据省建设工程费用定额的规定进行估算。

10. 编制招标工程量清单时，遇到本办法"清单项目计价指引"中清单项目缺项的，由编制人根据工程实际情况进行补充，并描述该项目的工作内容、项目特征、计量单位及相应的工程量计算规则等。

11. 补充的清单项目编码应以"ZB"开头，后续编码按本办法相应清单的项目编码规则进行编列。

12. 工程量清单计价文件，应采用本办法规定的统一格式。

四　工程成本的评审

1. 对于投标报价是否低于工程成本的异议，评标委员会可以参照本办法进行评审。

2. 报标报价出现下列情形之一的，由评标委员会重点评审后界定其报价是否低于工程成本：

（1）投标报价低于同一工程有效投标报价平均值 10% 以上；

（2）因投标人原因造成投标报价清单项目缺漏，缺漏项总额（多算或多报总额不得抵消缺漏项目总额）累计占同一工程有效投标报价平均值 5% 以上；

（3）人工工日单价低于工程所在地政府发布的最低工资标准折算的工日单价；

（4）需评审的主要材料消耗量低于最高投标限价相应主要材料消耗量 5% 以上，且低于同一工程有效投标报价中相应材料消耗量平均值 3% 以上；

（5）施工机具使用费低于同一工程有效投标报价施工机具使用费平均值的 10% 以上；

（6）材料、设备暂估价未按要求计入分部分项工程费；

（7）管理费、利润投标费率低于 0%；

（8）投标报价中的不可竞争费的费率，低于省建设工程费用定额规定的费率；

（9）投标报价中税金的费率，低于省建设工程费用定额规定的费率。

3. 工程成本评审应在开标时进行投标报价清标后进行。

五　工程量清单计价文件格式

1. 工程量清单计价文件应按本办法规定的统一的格式和内容进行填写，不得随意删除或涂改，填写的单价或合价不能空缺。

2. 工程量清单计价文件应由下列内容组成：

2.1　工程计价文件封面

2.2　工程计价文件扉页

2.3　工程计价总说明

2.4　工程计价汇总表

2.5　分部分项工程计价表

2.6　措施项目清单与计价表

2.7　不可竞争项目清单与计价表

2.8　其他项目清单与计价表

2.9　税金计价表

2.10　主要材料、工程设备一览表

3. 工程计价总说明应按下列要求填写：

3.1 工程量清单总说明的内容应包括：工程概况、工程发包及分包范围、工程量清单编制依据、使用材料（工程设备）的要求、对施工的特殊要求和其他需要说明的问题等。

3.2 最高投标限价总说明的内容应包括：采用的计价依据、采用的价格信息来源及其他需要说明的有关内容等。

4. 工程量清单计价文件统一格式：见附录 A～J。

六 工程量清单计价指引

1. 本工程量清单计价指引主要包括：建筑、装饰装修、安装、市政、园林绿化和仿古建筑六个专业工程的分部分项清单项目计价指引。

2. 分部分项清单项目计价指引是将国家标准《建设工程工程量清单计价规范》、"建设工程工程量清单计算规范"与我省编制的"建设工程计价定额"有机结合，是编制最高投标限价的依据，是企业投标报价的参考。

3. 分部分项清单项目计价指引内容包括：项目编码、项目名称、项目特征、计量单位、工程量计算规则和计价定额指引。

4. 分部分项清单项目与指引的计价定额子目原则上为一一对应关系，且计算规则相同。

5. 计价指引中分部分项清单项目编码以"WB"起始的，是我省自行补充项目。

6. 建筑及装饰装修、安装、市政、园林绿化和仿古建筑工程计价指引分部清单项目主要包括：

6.1 建筑及装饰装修工程：土石方工程；地基处理与边坡支护工程；桩基工程；砌筑工程；混凝土及钢筋混凝土工程；金属结构工程；木结构工程；门窗工程；屋面及防水工程；保温、隔热、防腐工程；楼地面装饰工程；墙柱面装饰与隔断、幕墙工程；天棚工程；油漆、涂料、裱糊工程；其他装饰工程；拆除工程；脚手架工程；混凝土模板及支架（撑）；垂直运输；超高施工增加；施工排水、降水；构筑物工程。

6.3 安装工程：C.1 机械设备安装工程；C.2 热力设备安装工程；C.3 静置设备与工艺金属结构制作安装工程；C.4 电气设备安装工程；C.5 建筑智能化工程；C.6 自动化控制仪表安装工程；C.7 通风空调工程；C.8 工业管道工程；C.9 消防工程；C.10 给排水、采暖、燃气工程；C.11 刷油、防腐蚀、绝热工程。

6.4 市政工程：土石方工程；道路工程；桥涵工程；隧道工程；管网工程；水处理工程；垃圾处理工程；其他项目。

6.5 园林绿化工程：绿化工程；园路、园桥工程；园林景观工程；其他项目。

6.6 仿古建筑工程：砖作工程；石作工程；混凝土及钢筋混凝土工程；木作工程；屋面工程；地面工程；油漆彩画工程；其他项目；徽派做法。

7. 分部分项清单项目计价指引具体内容见：建筑装饰工程清单计价指引、安装工程清单计价指引、市政工程清单计价指引、园林绿化工程清单计价指引、仿古建筑工程清单计价指引。

附录 A 工程计价文件封面

A.1 招标工程量清单封面

_____工程

招标工程量清单

招 标 人：_____

（单位盖章）

造价咨询人：_____

（单位盖章）

年   月   日

A.2 最高投标限价封面

<u>　　　　　　　　　　　　　　　　　　　　　</u>工程

最高投标限价

招　标　人：<u>　　　　　　　　　　　　　　</u>

（单位盖章）

造价咨询人：<u>　　　　　　　　　　　　　　</u>

（单位盖章）

年　　　月　　　日

A.3 投标总价封面

_____工程

投　标　总　价

投　标　人：_____

（单位盖章）

年　　月　　日

A.4 竣工结算封面

_____工程

竣 工 结 算

发 包 人：_____

（单位盖章）

承 包 人：_____

（单位盖章）

造价咨询人：_____

（单位盖章）

年   月   日

附录 B 工程计价文件扉页

B.1 招标工程量清单扉页

_____工程

招 标 工 程 量 清 单

招　标　人：_____　　　造价咨询人：_____
　　　　　　（单位盖章）　　　　　　　　　　（单位资质专用章）

法定代表人　　　　　　　　　　　　法定代表人
或其授权人：_____　　　或其授权人：_____
　　　　　　（签字或盖章）　　　　　　　　　　（签字或盖章）

编　制　人：_____　　　复　核　人：_____
（造价人员签字盖专用章）　　　　　（造价工程师签字盖专用章）

编制时间：　年　月　日　　　　　复核时间：　年　月　日

B.2 最高投标限价扉页

_____工程

最 高 投 标 限 价

最高投标限价(小写):_____
（大写）：_____

招 标 人：_____   造价咨询人：_____
（单位盖章）   （单位资质专用章）

法定代表人   法定代表人
或其授权人：_____   或其授权人：_____
（签字或盖章）   （签字或盖章）

编 制 人：_____   复 核 人：_____
（造价人员签字盖专用章）   （造价工程师签字盖专用章）

编制时间： 年 月 日   复核时间： 年 月 日

B.3 投标总价扉页

投 标 总 价

招 标 人：_____

工 程 名 称：_____

投标总价（小写）：_____

（大写）：_____

投 标 人：_____

（单位盖章）

法定代表人
或其授权人：_____

（签字或盖章）

编 制 人：_____

（造价人员签字盖专用章）

时间： 年 月 日

14

B.4 竣工结算总价扉页

_____工程

竣工结算总价

施工合同价(小写):_____
      (大写):_____

竣工结算价(小写):_____
      (大写):_____

发 包 人:_____   承 包 人:_____   造价咨询人:_____
(单位盖章)   (单位盖章)   (单位资质专用章)

法定代表人   法定代表人   法定代表人
或其授权人:_____   或其授权人:_____   或其授权人:_____
(签字或盖章)   (签字或盖章)   (签字或盖章)

编 制 人:_____   复 核 人:_____
(造价人员签字盖专用章)   (造价工程师签字盖专用章)

编制时间: 年 月 日   核对时间: 年 月 日

附录 C　工程计价总说明

总　说　明

工程名称：

附录 D　工程计价汇总表

D.1　建设项目最高投标限价/投标报价汇总表

工程名称：

序号	单项工程名称	金额（元）	其中：（元）	
			暂估价	不可竞争费
	合计			

说明：本表适用于建设项目最高投标限价或投标报价的汇总。暂估价包括分部分项工程中的材料、设备暂估价和专业工程暂估价。

D. 2　单项工程最高投标限价/投标报价汇总表

工程名称：

序号	单位工程名称	金额（元）	其中：（元）	
			暂估价	不可竞争费
	合计			

说明：本表适用于单项工程最高投标限价或投标报价的汇总。暂估价包括分部分项工程中的材料、设备暂估价和专业工程暂估价。

D.3 单位工程最高投标限价/投标报价汇总表

工程名称：　　　　　　　　　　　　标段：　　　　　　　　　　第　页共　页

序号	汇总内容	金额（元）	其中：材料、设备暂估价（元）
1	分部分项工程费		
2	措施项目费		
3	不可竞争费		
3.1	安全文明施工费		
3.2	工程排污费		
4	其他项目费		
4.1	暂列金额		
4.2	专业工程暂估价		
4.3	计日工		
4.4	总承包服务费		
5	税金		
工程造价＝1＋2＋3＋4＋5			

说明：本表适用于单位工程最高投标限价或投标报价的汇总，如无单位工程划分，单项工程也使用本汇总表。

19

D.4 建设项目竣工结算汇总表

工程名称：

序号	单项工程名称	金额（元）	其　中（元）
			不可竞争费
	合　　计		

D.5 单项工程竣工结算汇总表

工程名称：

序号	单位工程名称	金额（元）	其　中（元）
			不可竞争费
	合　计		

D.6 单位工程竣工结算汇总表

工程名称：　　　　　　　　　标段：　　　　　　　　　第　页共　页

序号	汇总内容	结算金额（元）
1	分部分项工程费	
2	措施项目费	
3	不可竞争费	
3.1	安全文明施工费	
3.2	工程排污费	
4	其他项目费	
4.1	专业工程结算价	
4.2	计日工	
4.3	总承包服务费	
4.4	索赔与现场签证	
5	税金	
竣工结算造价＝1＋2＋3＋4＋5		

说明：本表适用于单位工程竣工结算价的汇总，如无单位工程划分，单项工程也使用本汇总表。

22

附录 E 分部分项工程计价表

E.1 分部分项工程量清单计价表

工程名称：　　　　　　　　　　　标段：　　　　　　　　　　第　页共　页

序号	项目编码	项目名称	项目特征描述	计量单位	工程量	金额（元）				
						综合单价	合价	其中		
								定额人工费	定额机械费	暂估价

E.2 分部分项工程量清单综合单价分析表

| 项目编码 | | 项目名称 | | 计量单位 | | 工程量 | |

<table>
<tr><td colspan="13" align="center">清单综合单价组成明细</td></tr>
<tr><td rowspan="2">定额
编码</td><td rowspan="2">定额项
目名称</td><td rowspan="2">定额
单位</td><td rowspan="2">数量</td><td colspan="4" align="center">单价</td><td colspan="4" align="center">合价</td></tr>
<tr><td>人工费</td><td>材料费</td><td>机械费</td><td>综合费</td><td>人工费</td><td>材料费</td><td>机械费</td><td>综合费</td></tr>
<tr><td></td><td></td><td></td><td></td><td></td><td></td><td></td><td></td><td></td><td></td><td></td><td></td></tr>
<tr><td colspan="3" align="center">人工单价</td><td colspan="6" align="center">小计</td><td colspan="3"></td></tr>
<tr><td colspan="3" align="center">（ ）元/工日</td><td colspan="6" align="center">未计价材料费</td><td colspan="3"></td></tr>
<tr><td colspan="9" align="center">清单项目综合单价</td><td colspan="3"></td></tr>
</table>

<table>
<tr><td rowspan="8">材
料
费
明
细</td><td colspan="2" align="center">主要材料名称、规格、型号</td><td>单位</td><td>数量</td><td>单价
（元）</td><td>合价
（元）</td><td>暂估单
价（元）</td><td>暂估合
价（元）</td></tr>
<tr><td colspan="2"></td><td></td><td></td><td></td><td></td><td></td><td></td></tr>
<tr><td colspan="2"></td><td></td><td></td><td></td><td></td><td></td><td></td></tr>
<tr><td colspan="2"></td><td></td><td></td><td></td><td></td><td></td><td></td></tr>
<tr><td colspan="2"></td><td></td><td></td><td></td><td></td><td></td><td></td></tr>
<tr><td colspan="2"></td><td></td><td></td><td></td><td></td><td></td><td></td></tr>
<tr><td colspan="4" align="center">其他材料费</td><td>—</td><td></td><td>—</td><td></td></tr>
<tr><td colspan="4" align="center">材料费小计</td><td>—</td><td></td><td>—</td><td></td></tr>
</table>

E.3 综合单价调整表

工程名称：　　　　　　　　　　　　标段：　　　　　　　　　　　第　页共　页

序号	项目编码	项目名称	已标价清单综合单价（元）					调整后综合单价（元）				
			综合单价	其中				综合单价	其中			
				人工费	材料费	机械费	综合费		人工费	材料费	机械费	综合费
造价工程师（签章）：　　发包人代表（签章）：　　　　　　　日期：							造价人员（签章）：　　承包人代表（签章）：　　　　　　日期：					

说明：综合单价调整表应附调整依据。

25

附录 F 措施项目清单与计价表

工程名称：　　　　　　　　　　　　　　标段：　　　　　　　　　　第　页共　页

序号	项目编码	项目名称	计算基础	费率（%）	金额（元）
1		夜间施工增加费			
2		二次搬运费			
3		冬雨季施工增加费			
4		已完工程及设备保护费			
5		工程定位复测费			
6		临时保护设施费			
7		赶工措施费			
8		其他措施项目费			
10					
11					
12					
		合计			

26

附录 G 不可竞争项目清单与计价表

工程名称：　　　　　　　　　　标段：　　　　　　　　第　页共　页

序号	项目编码	项目名称	计算基础	费率（%）	金额（元）
1		环境保护费			
2		文明施工费			
3		安全施工费			
4		临时设施费			
5		工程排污费			
6					
7					
8					
10					
11					
12					
		合　计			

附录 H 其他项目清单与计价表

H.1 其他项目清单与计价汇总表

工程名称：   标段：   第   页共   页

序号	项目名称	金额（元）
1	暂列金额	
2	专业工程暂估价	
3	计日工	
4	总承包服务费	
合　计		

H. 2 暂列金额明细表

工程名称：　　　　　　　　　　　标段：　　　　　　　　　　第　页共　页

序号	项目名称	计量单位	暂定金额（元）	备注
合　计				—

说明：此表由招标人填写，如不能详列，也可只列暂定金额总额，投款人应将上述暂列金额计入投标总价中。

29

H.3 专业工程暂估价计价表

工程名称：　　　　　　　　　　　标段：　　　　　　　　第　页共　页

序号	工程名称	工程内容	金额（元）	备注
合　计				

说明：此表中"金额"由招标人填写。投标时，投标人应按招标人所列金额计入投标总价中。结算时按合同约定结算金额填写。

H.4 计日工表

工程名称：　　　　　　　　　标段：　　　　　　　　第　页共　页

编码	项目名称	单位	数量	综合单价	合价（元）
一	人工				
1					
2					
3					
4					
	人工费小计				
二	材料				
1					
2					
3					
4					
5					
6					
	材料费小计				
三	施 工 机 械				
1					
2					
3					
4					
	施工机械费小计				
	合　计				

　　说明：此表项目名称、数量由招标人填写，编制最高投标限价时，综合单价由招标人按有关计价规定确定；投标时，综合单价由投标人自主报价，按招标人所列数量计算合价计入投标总价中。结算时，按发承包双方确认的实际数量计算。

H. 5 总承包服务费计价表

工程名称：　　　　　　　　　　　标段：　　　　　　　　　　　第　页共　页

序号	工程名称	项目价值（元）	服务内容	费率（%）	金额（元）
1	发包人发包专业工程				
2	发包人供应材料				
合　计					

　　说明：此表项目名称、服务内容由招标人填写，编制最高投标限价时，费率及金额由招标人按有关规定确定；投标时，费率及金额由投标人自主报价，计入投标总价中。

附录 I 税金计价表

序号	项目名称	计算基础	计算基数	费率（%）	金额（元）
1	增值税	分部分项工程费＋措施项目费＋不可竞争费＋其他项目费			
	合计				

附录 J 主要材料、工程设备一览表

J.1 材料（工程设备）暂估单价一览表

工程名称：　　　　　　　　　标段：　　　　　　　第　页共　页

序号	材料（工程设备）名称、规格、型号	计量单位	数量	单价（元）

说明：此表由招标人填写，投标人应将上述材料（工程设备）暂估单价计入工程量清单综合单价报价中。

J.2 发包人提供材料（工程设备）一览表

工程名称：　　　　　　　　　　标段：　　　　　　　　　　第　页共　页

序号	材料（工程设备）名称、规格、型号	计量单位	数量	单价（元）	合价（元）	备注

说明：此表由招标人填写，供投标人在投标报价、确定总承包服务费时参考。

J.3 承包人提供材料（工程设备）一览表

工程名称：　　　　　　　　　　　　标段：　　　　　　　　　　第　　页共　　页

序号	材料（工程设备）名称、规格、型号	计量单位	数量	风险系数（%）	基准单价	投标单价	备注

说明：1. 此表由投标人在投标时自主确定投标单价，其他内容由招标人填写。

2. 招标人应优先采用工程造价管理机构发布的单价作为基准单价，未发布的，通过市场调查确定其基准单价。

附录 A 土石方工程

A.1 土方工程（编码：010101）

项目编码	项目名称	项目特征	计量单位	工程量计算规则	定额编码
010101001	平整场地	1. 土壤类别	m^2	按建筑物首层建筑面积，以面积计算	G1-7、G1-40
010101002	挖一般土方	1. 土壤类别 2. 挖土深度	m^3	按设计图示尺寸，以体积计算	G1-1、G1-2、G1-24～G1-29
010101003	挖沟槽土方	1. 土壤类别 2. 挖土深度	m^3	按设计图示尺寸沟槽长度乘以沟槽断面积，以体积计算	G1-3、G1-4、G1-30、G1-31
010101004	挖基坑土方	1. 土壤类别 2. 挖土深度	m^3	按设计图示尺寸基坑底面积乘以挖土深度，以体积计算	G1-5、G1-6、G1-30、G1-31
010101006	挖淤泥、流砂	1. 挖掘深度	m^3	按设计图示位置、界限，以体积计算	G1-13、G1-14、G1-32
WB010101007	原土打夯	1. 土壤类别	m^2	按设计规定的尺寸，以面积计算	G1-8
WB010101008	原土碾压	1. 土壤类别	m^2	按设计规定的尺寸，以面积计算	G1-41
WB010101009	填土碾压	1. 土壤类别 2. 压实系数	m^3	按回填的土方，以体积计算	G1-42、G1-43
WB010101010	支挡土板	待编	m^2	按支撑的范围，以面积计算	G1-15
WB010101011	人工清底	1. 土壤类别	m^2	按需清底的范围，以面积计算	G1-12
WB010101012	人力车运土方	1. 土壤类别 2. 运距	m^3	按需运输土方，以天然密实体积计算	G1-16～G1-19
WB010101013	机械运土方	1. 土壤类别 2. 运距	m^3	按需运输土方，以天然密实体积计算	G1-20～G1-23、G1-33～G1-39

A.2 石方工程（编码：010102）

项目编码	项目名称	项目特征	计量单位	工程量计算规则	定额编码
010102001	挖一般石方	1. 岩石类别 2. 开凿深度	m³	按设计图示尺寸以体积计算	G1-47、G1-49～G1-54、G1-58～G1-60、G1-64～G1-66、G1-71、G1-72
010102002	挖沟槽石方	1. 岩石类别 2. 开凿深度	m³	按设计图示尺寸沟槽长度乘以沟槽断面积，以体积计算	G1-48、G1-55～G1-57、G1-61～G1-63
010102003	挖基坑石方	1. 岩石类别 2. 开凿深度	m³	按设计图示尺寸基坑底面积乘以挖石深度以体积计算	G1-48、G1-55～G1-57、G1-61～G1-63
WB010102004	人力车运石方	1. 石方类别 2. 运距	m³	按需运输石方，以天然密实体积计算	G1-67～G1-68
WB010102005	机械运石方	1. 石方类别 2. 运距	m³	按需运输石方，以天然密实体积计算	G1-69～G1-74

A.3 回填（编码：010103）

项目编码	项目名称	项目特征	计量单位	工程量计算规则	定额编码
010103001	回填方	1. 密实度要求 2. 填方材料品种 3. 填方粒径要求	m³	按设计图示尺寸，以体积计算	G1-9～G1-11

附录B 地基处理与边坡支护工程

B.1 地基处理（编码：010201）

项目编码	项目名称	项目特征	计量单位	工程量计算规则	定额编码
010201001	换填垫层	1. 材料种类及配比 2. 压实系数 3. 掺加材料品种	m³	按设计图示尺寸，以体积计算	G2-1～G2-8
010201002	铺设土工合成材料	1. 部位 2. 品种 3. 规格	m²	按设计图示尺寸，以面积计算	G2-13～G2-16
010201004	强夯地基	1. 夯击能量 2. 夯击遍数 3. 夯击点布置形式、间距 4. 地耐力要求	m²	按设计图示处理范围，以面积计算	G2-17～G2-41
010201006	振冲（钻孔压浆）碎石桩	1. 地层情况 2. 空桩长度、桩长 3. 桩径 4. 填充材料种类 5. 水泥强度等级	m³	按设计桩截面乘以桩长，以体积计算	G2-59、G2-60
010201007	沉管灌注砂石桩	1. 地层情况 2. 空桩长度、桩长 3. 桩径 4. 成孔方法 5. 材料种类、级配		按钢管的外径截面面积乘以设计桩长，以体积计算	G2-42～G2-47
010201008	水泥粉煤灰碎石桩	1. 地层情况 2. 空桩长度、桩长 3. 桩径 4. 成孔方法 5. 混合料强度等级	m³	按设计桩截面乘以桩长，以体积计算	G2-67～G2-70
010201009	深层搅拌桩	1. 地层情况 2. 空桩长度、桩长 3. 桩截面尺寸 4. 水泥强度等级、掺量		按设计桩截面乘以桩长，以体积计算	G2-48、G2-49、G2-51、G2-52、G2-54、G2-55

项目编码	项目名称	项目特征	计量单位	工程量计算规则	定额编码
WB010201011	深层搅拌桩空搅	1. 地层情况 2. 空桩长度 3. 桩截面尺寸	m³	按设计桩截面乘以地面至桩顶长度，以体积计算	G2-50、G2-53、G2-56
010201012	高压喷射注浆桩	1. 地层情况 2. 空桩长度、桩长 3. 桩截面 4. 注浆类型、方法 5. 水泥强度等级		按设计桩截面乘以桩长，以体积计算	G2-64～G2-66
WB010201013	高压喷射注浆桩钻孔	1. 地层情况	m	按设计图示尺寸，以长度计算	G2-63
010201014	灰土挤密桩	1. 地层情况 2. 空桩长度、柱长 3. 桩径 4. 成孔方法 5. 灰土级配	m³	按设计桩截面乘以桩长，以体积计算	G2-57～G2-58
010201016	注浆地基	1. 地层情况 2. 空钻深度、注浆深度 3. 注浆间距 4. 浆液种类及配比 5. 注浆方法 6. 水泥强度等级	m³	按设计图示尺寸，以加固体积计算	G2-62
WB010201017	注浆地基钻孔	1. 地层情况	m	按设计图示尺寸，以长度计算	G2-61
WB010201018	袋装沙井	1. 地层情况	m	按设计图示尺寸，以长度计算	G2-9～G2-10
WB010201019	塑料排水板	1. 地层情况	m	按设计图示尺寸，以长度计算	G2-11～G2-12

B.2 基坑与边坡支护（编码：010202）

项目编码	项目名称	项目特征	计量单位	工程量计算规则	定额编码
010202001	地下连续墙	1. 墙体厚度 2. 混凝土种类、强度等级	m³	按设计图示尺寸，以体积计算	G2-89～G2-92

项目编码	项目名称	项目特征	计量单位	工程量计算规则	定额编码
WB010202002	挖墙槽	1. 地层情况 2. 导墙类型、截面 3. 成槽深度	m³	按设计长度乘以开挖宽度及深度，以体积计算	G2-84～G2-85
WB010202003	墙接头管、清底	接头形式	段	按分段施工的槽壁单元，以"段"计算	G2-86～G2-88
WB010202004	地下连续墙钢筋制安	1. 钢筋种类、规格 2. 安装深度	t	按设计图示尺寸，以质量计算	G2-93～G2-95
010202002	咬合灌注桩	1. 地层情况 2. 桩长 3. 桩径 4. 混凝土种类、强度等级 5. 部位	m³	按设计图示尺寸，以体积计算	G2-100～G2-101
010202005	型钢桩	1. 地层情况或部位 2. 桩长 3. 规格型号 4. 桩倾斜度	根	按设计图示数量计算	G2-106～G2-113
010202006	钢板桩	1. 地层情况 2. 桩长 3. 板桩厚度	t	按设计图示尺寸，以质量计算	G2-102～G2-105
WB010202007	钢板桩切割、焊接		个	按焊接、切割断面，以"个"计算	G2-114～G2-115
WB010202008	型钢桩制作	1. 钢筋种类、规格 2. 钢板厚度	t	按设计图示尺寸，以质量计算	G2-116
010202007	锚杆（锚索）钻孔、注浆	1. 地层情况 2. 锚杆（索）类型、部位 3. 钻孔深度 4. 钻孔直径 5. 浆液种类、强度等级	m	按设计图示尺寸，以钻孔深度计算	G2-121～G2-127
WB010202008	锚杆制安	1. 锚杆种类、规格	t	按设计图示尺寸，以质量计算	G2-117～G2-119
WB010202009	锚头制安	1. 锚头种类、规格	套	按设计图示数量计算	G2-120

项目编码	项目名称	项目特征	计量单位	工程量计算规则	定额编码
010202008	土钉钻孔、注浆	1. 地层情况 2. 钻孔深度 3. 钻孔直径 4. 置入方法 5. 浆液种类、强度等级 6. 入岩深度	m	按设计图示尺寸，以钻孔深度计算	G2-130～G2-131
WB010202009	土钉制安	1. 材料种类、规格	t	按设计图示尺寸，以质量计算	G2-128～G2-129
010202009	喷射混凝土	1. 部位 2. 厚度 3. 混凝土类别、强度等级	m²	按设计图示尺寸，以面积计算	G2-132～G2-135
010202011	钢支撑	1. 部位 2. 钢材品种、规格 3. 探伤要求	t	按设计图示尺寸，以质量计算	G2-137～G2-140
WB010202012	劲性围护桩	1. 地层情况 2. 桩长 3. 桩径 4. 混凝土（水泥）强度等级	10m³	按设计图示尺寸，以体积计算	G2-96～G2-98
WB010202013	劲性围护桩型钢	规格、型号	t	按设计图示尺寸，以质量计算	G2-99
WB010202014	挂钢筋网	钢筋种类、规格	t	按设计图示尺寸，以质量计算	G2-136

附录 C 桩基工程

C.1 打桩（编码：010301）

项目编码	项目名称	项目特征	计量单位	工程量计算规则	定额编码
010301001	预制钢筋混凝土方桩	1. 地层情况 2. 桩截面 3. 桩倾斜度 4. 沉桩方式 5. 接桩方式 6. 混凝土强度等级	m³	按设计图示截面积乘以桩长（包括桩尖），以体积计算	G2-141～G2-144、G2-149～G2-152
WB010301002	预制砼板桩	1. 地层情况 2. 桩截面 3. 桩倾斜度 4. 沉桩方式 5. 接桩方式 6. 混凝土强度等级	m³	按设计图示截面积乘以桩长（包括桩尖），以体积计算	G2-157～G2-159
010301002	预制钢筋混凝土管桩	1. 地层情况 2. 桩外径、壁厚 3. 桩倾斜度 4. 沉桩方法 5. 桩尖类型 6. 混凝土强度等级 7. 填充材料种类 8. 防护材料种类	m³	按设计图示截面积乘以桩长（包括桩尖），以体积计算	G2-168～G2-171、G2-176～G2-179
WB010301003	钢桩尖制作、安装	1. 类型 2. 钢板厚度	t	按设计图示尺寸，以质量计算	G2-163～G2-167
010301003	钢管桩	1. 地层情况 2. 材质 3. 管径、壁厚 4. 桩倾斜度 5. 沉桩方法 6. 填充材料种类 7. 防护材料种类	t	按设计图示尺寸，以质量计算	G2-184～G2-192

项目编码	项目名称	项目特征	计量单位	工程量计算规则	定额编码
WB010301004	钢桩桩切割	1. 桩径 2. 壁厚	根	按设计切割数量计算	G2-202~G2-204
WB010301005	钢桩桩盖帽	桩径	只	按设计盖帽数量计算	G2-205~G2-207
WB010301006	钢管桩管内取土、填心	1. 桩径 2. 取（填）深度	m³	按设计取土（填土）体积计算	G2-208~G2-210
WB010301007	接桩	1. 桩类型 2. 桩径 3. 接桩材料	个	按接头数量计算	G2-211~G2-225
WB010301008	送预制钢筋砼桩	送桩深度、桩长	m³	按设计图示截面积乘以送桩长度，以体积计算	G2-145~G2-148、 G2-153~G2-156、 G2-160~G2-162、 G2-172~G2-175、 G2-180~G2-183
WB010301009	送钢管桩	送桩深度、桩长	t	按送桩设计图示尺寸，以质量计算	G2-193~G2-201
010301004	截（凿）桩头	1. 桩类型 2. 桩头截面、高度 3. 混凝土强度等级 4. 有无钢筋	1. m³ 2. 根	1. 灌注混凝土桩凿桩头，按设计桩截面乘以桩头长度，以体积计算 2. 预制方（管）桩截（凿）桩头，按设计图示数量计算	G3-71~G3-73

C.2 灌注桩（编码：010302）

项目编码	项目名称	项目特征	计量单位	工程量计算规则	定额编码
WB010302001	灌注混凝土桩钻（挖）孔	1. 地层情况 2. 桩径 3. 成孔方法	m³	按设计图示尺寸从自然地面至桩底，以体积计算	G2-244~G2-261、 G2-263~G2-266、 G2-270~G2-285、 G2-289~G2-294、 G2-296~G2-313、 G2-317~G2-322
WB010302002	灌注混凝土桩入岩增加费	1. 岩石类别 2. 桩径 3. 成孔方法	m³	按入岩深度乘以设计桩截面面积，以体积计算	G2-262、G2-267~ G2-269、G2-286~ G2-288、G2-295、 G2-314~G2-316、 G2-323~G2-326

项目编码	项目名称	项目特征	计量单位	工程量计算规则	定额编码
010302002	沉管灌注桩	1. 地层情况 2. 空桩长度、桩长 3. 复打长度 4. 桩径 5. 沉管方法 6. 桩尖类型	m³	1. 按设计图示桩长（包括桩尖，不扣除虚体积）乘以标准管的外径截面积，以体积计算 2. 复打桩乘以复打次数 3. 夯扩桩另加投料长度乘以标准管的内径截面积	G2-229～G2-238
WB010302003	沉管灌注桩桩尖制作、埋设	1. 桩径 2. 混凝土等级	个	按设计使用桩尖数量计算	G2-226～G2-228
WB010302004	成孔灌注桩钢护筒埋设	1. 桩径 2. 护筒壁厚	m	按埋设深度计算	G2-239～G2-243
WB010302006	挖孔桩护壁	1. 护壁厚度、高度 2. 混凝土种类、强度等级	m³	按设计图示尺寸（从自然地面至扩大头处或桩底），以体积计算	G2-327～G2-328
WB010302007	灌注桩混凝土浇筑	混凝土种类、强度等级	m³	按设计图示截面积乘以桩长，以体积计算	G2-329～G2-334
010302007	灌注桩后压浆	1. 注浆导管材料、规格 2. 注浆导管长度 3. 单孔注浆量 4. 水泥强度等级	t	按实际注入水泥用量，以质量计算	G2-340
WB010302008	声测管、注浆管埋设	管材料、规格	m	按设计桩长加20cm，以长度计算	G2-335～G2-339
WB010302009	泥浆运输	运距	m³	按钻孔体积计算	G2-341～G2-342
WB010302010	钢筋笼制作	1. 桩径 2. 钢筋种类、规格	t	按设计图示尺寸，以质量计算	G2-343～G2-344
WB010302011	钢筋笼安装	桩长	根	按安装数量计算	G2-345～G2-347
WB010302012	挖孔桩护壁钢筋制作、安装	1. 桩径 2. 钢筋种类、规格	t	按设计图示尺寸，以质量计算	G2-348

附录 D 砌筑工程

D.1 砖砌体（编码：010401）

项目编码	项目名称	项目特征	计量单位	工程量计算规则	定额编码
010401001	砖基础	1. 砖品种、规格、强度级 2. 基础类型 3. 砂浆强度级	m³	按设计图示尺寸，以体积计算	J1-1
010401003	实心砖墙	1. 砖品种、规格、强度级 2. 墙体类型 3. 砂浆强度级	m³	按设计图示尺寸，以体积计算	J1-2～J1-7
010401004	多孔砖墙				J1-8～J1-15
010401009	实心砖柱		m³	按设计图示尺寸，以体积计算	J1-31～J1-32
010401011	砖检查井	1. 砖品种、规格、强度级 2. 砂浆强度级	m³	按设计图示尺寸，以体积计算	J1-37～J1-38
010401012	零星砌体		m³	按设计图示尺寸，以体积计算	J1-33、J1-40
010401014	砖地沟、明沟		m³	按设计图示尺寸，以体积计算	J1-34
WB010401015	墙基防潮层	防潮层材料种类	m²	按设计图示尺寸，以面积计算	J1-39
WB010401016	砖砌台阶	1. 砖品种、规格、强度级 2. 砂浆强度级	m²	按设计图示尺寸，以面积计算	J1-40
WB010401017	砖砌水池及化粪池	1. 砖品种、规格、强度级 2. 砂浆强度级	m³	按设计图示尺寸，以体积计算	J1-35～J1-36
WB010401018	钢丝网砌筑砂浆抹带	1. 钢丝网品种、规格 2. 砌筑砂浆抹带厚度 3. 砂浆强度级	m²	按设计图示尺寸，以面积计算	J1-48

项目编码	项目名称	项目特征	计量单位	工程量计算规则	定额编码
WB010401019	成品烟道	1. 成品烟道品种、规格 2. 成品烟道类型 3. 成品烟道安装方式 4. 砂浆强度级	m	按设计图示尺寸，以长度计算	J1-49
WB010401020	成品烟罩、止回阀、排气帽	1. 成品烟罩、止回阀、排气帽品种、规格 2. 成品烟罩、止回阀、排气帽类型 3. 安装方式	个	按设计图示数量计算	J1-50～J1-52

D.2 砌块砌体（编码：010402）

项目编码	项目名称	项目特征	计量单位	工程量计算规则	定额编码
010402001	砌块墙	1. 砌块品种、规格、强度级 2. 墙体类型 3. 砂浆强度级	m³	按设计图示尺寸，以体积计算	J1-16～J1-30

D.3 石砌体（编码：010403）

项目编码	项目名称	项目特征	计量单位	工程量计算规则	定额编码
010403001	石基础	1. 石料品种、规格 2. 基础类型 3. 砂浆强度级	m³	按设计图示尺寸，以体积计算	J1-41
010403003	石墙	1. 石料品种、规格 2. 石表面加工要求 3. 砂浆强度级		按设计图示尺寸，以体积计算	J1-44、J1-46
010403007	石护坡	1. 石料品种、规格 2. 护坡厚度、高度 3. 石表面加工要求 4. 勾缝要求 5. 砂浆强度级		按设计图示尺寸，以体积计算	J1-42、J1-43
010403010	石地沟、明沟	1. 石料品种、规格 2. 石表面加工要求 3. 勾缝要求 4. 砂浆强度级		按设计图示尺寸，以体积计算	J1-45

项目编码	项目名称	项目特征	计量单位	工程量计算规则	定额编码
WB010403011	毛石墙勾缝	1. 勾缝要求 2. 砂浆强度级	m²	按设计图示尺寸，以面积计算	J1-47

D.4　垫层（编码：010404）

项目编码	项目名称	项目特征	计量单位	工程量计算规则	定额编码
010404001	基础垫层	1. 厚度 2. 材料品种及比例	m³	按设计图示尺寸，以体积计算	G2-71～G2-83

附录 E 混凝土工程

E.1 现浇混凝土基础（编码：010501）

项目编码	项目名称	项目特征	计量单位	工程量计算规则	定额编码
010501002	带型基础				J2-1～J2-3、J2-59～J2-61
010501003	独立基础	1. 混凝土种类 2. 混凝土强度等级			J2-4、J2-6、J2-62、J2-64
010501004	满堂基础		m³	按设计图示尺寸，以体积计算	J2-5、J2-7～J2-8、J2-63、J2-65～J2-66
010501006	设备基础	1. 混凝土种类 2. 混凝土强度等级 3. 灌浆材料及强度等级			J2-9～J2-10、J2-67～J2-70

E.2 现浇混凝土柱（编码：010502）

项目编码	项目名称	项目特征	计量单位	工程量计算规则	定额编码
010502001	矩形柱	1. 柱规格形状 2. 混凝土种类 3. 混凝土强度等级	m³	按设计图示尺寸，以体积计算	J2-12～J2-14、J2-72～J2-74
010502002	构造柱				J2-16、J2-76
010502003	异形柱				J2-15、J2-75

E.3 现浇混凝土梁（编码：010503）

项目编码	项目名称	项目特征	计量单位	工程量计算规则	定额编码
010503001	基础梁				J2-17、J2-77
010503002	矩形梁				J2-18、J2-78
010503003	异形梁	1. 混凝土种类 2. 混凝土强度等级	m³	按设计图示尺寸，以体积计算	J2-19、J2-79
010503004	圈梁				J2-20、J2-80
010503005	过梁				J2-21、J2-81
010503006	弧形、拱形梁				J2-22、J2-82

E.4 现浇混凝土墙（编码：010504）

项目编码	项目名称	项目特征	计量单位	工程量计算规则	定额编码
010504001	直线墙	1. 墙规格 2. 混凝土种类 3. 混凝土强度等级	m³	按设计图示尺寸，以体积计算	J2-24～J2-28、 J2-84～J2-88
010504002	弧形混凝土墙				J2-29、J2-89
WB010504003	电梯井墙				J2-30、J2-90
WB010504004	大钢模板墙				J2-31、J2-91
WB010504005	建筑物滑模爬模墙				J2-32、J2-92

E.5 现浇混凝土板（编码：010505）

项目编码	项目名称	项目特征	计量单位	工程量计算规则	定额编码
010505001	有梁板	1. 板规格 2. 混凝土种类 3. 混凝土强度等级	m³	按设计图示尺寸，以体积计算	J2-34、J2-94
010505002	无梁板				J2-35、J2-95
010505003	平板				J2-36、J2-96
010505004	拱板				J2-37、J2-97
010505006	栏板				J2-38、J2-98
010505007	天沟、挑檐板		m²	按设计图示尺寸，以体积计算	J2-39、J2-99
010505008	雨篷、阳台板			按设计图示尺寸，以伸出外墙部分的水平投影面积计算	J2-40～J2-42、 J2-100～J2-102
WB010505009	坡屋面板		m³	按设计图示尺寸，以体积计算	J2-43～J2-45、 J2-103～J2-105

E.6 现浇混凝土楼梯（编码：010506）

项目编码	项目名称	项目特征	计量单位	工程量计算规则	定额编码
010506001	直形楼梯	1. 混凝土种类 2. 混凝土强度等级	m²	按设计图示尺寸，以水平投影面积计算	J2-47、J2-107
010506002	弧形楼梯				J2-48、J2-108

E.7 现浇混凝土其他构件（编码：010507）

项目编码	项目名称	项目特征	计量单位	工程量计算规则	定额编码
010507005	扶手、压顶	1. 断面尺寸 2. 混凝土种类 3. 混凝土强度等级	m³	按设计图示尺寸，以体积计算	J2-49、J2-52、J2-109、J2-112
010507003	地沟、电缆沟	1. 断面尺寸 2. 混凝土种类 3. 混凝土强度等级			J2-51、J2-111
010507007	小型构件	1. 混凝土种类 2. 混凝土强度等级			J2-53、J2-113
010507001	散水、坡道	1. 混凝土种类 2. 混凝土强度等级	m²	按设计图示尺寸，以水平投影面积计算	J2-56、J2-57、J2-115、J2-116
010507004	台阶	1. 断面尺寸 2. 混凝土种类 3. 混凝土强度等级			J2-58、J2-117
WB010507005	门框	1. 断面尺寸 2. 混凝土种类 3. 混凝土强度等级	m³	按设计图示尺寸，以体积计算	J2-50、J2-110
WB010507006	混凝土腰线	1. 混凝土种类 2. 混凝土强度等级	m³	按设计图示尺寸，以体积计算	J2-54、J2-114
WB010507007	集中搅拌混凝土	1. 混凝土搅拌站生产能力 2. 混凝土运输 3. 混凝土泵送	m³	按实际搅拌混凝土，以体积计算	J2-121～J2-127

E.8 后浇带（编码：010508）

项目编码	项目名称	项目特征	计量单位	工程量计算规则	定额编码
010508001	后浇带	1. 混凝土种类 2. 混凝土强度等级	m³	按设计图示尺寸，以体积计算	J2-11、J2-71、J2-23、J2-83、J2-33、J2-93、J2-46、J2-106

E.12 预制混凝土板（编码：0105012）

项目编码	项目名称	项目特征	计量单位	工程量计算规则	定额编码
010512008	沟盖板、井盖板	1. 混凝土种类 2. 混凝土强度等级	m³	按设计图示尺寸，以体积计算	J2-118、J2-119

E.14 其他预制构件（编码：010514）

项目编码	项目名称	项目特征	计量单位	工程量计算规则	定额编码
010514001	其他构件	1. 混凝土种类 2. 混凝土强度等级	m³	按设计图示尺寸，以体积计算	J2-55、J2-120

E.15 钢筋工程（编码：010515）

项目编码	项目名称	项目特征	计量单位	工程量计算规则	定额编码
010515001	现浇构件钢筋	钢筋种类、规格	t	按设计图示钢筋长度乘以单位理论质量计算	J2-186～J2-196
010515002	预制构件钢筋		t		J2-197～J2-207
010515003	钢筋网片		t		J2-208～J2-210
010515005	先张法预应力钢筋	1. 钢筋种类、规格 2. 锚具种类	t		J2-211～J2-218
010515006	后张法预应力钢筋	1. 钢筋种类、规格 2. 砂浆强度等级	t	按设计图示钢筋长度乘以单位理论质量计算	J2-219～J2-226
010515007	后张法预应力钢丝束	1. 钢丝种类、规格 2. 砂浆强度等级	t	按设计图示钢丝束长度乘以单位理论质量计算	J2-231
WB010515008	后张法预应力钢丝锚具	锚具种类	孔	按设计锚孔，以数量计算	J2-228、J2-230
010515008	后张法预应力钢绞线	1. 钢绞线种类、规格 2. 砂浆强度等级	t	按设计图示钢绞线长度乘以单位理论质量计算	J2-227、J2-229
WB010515009	后张法预应力钢绞线锚具	锚具种类	孔	按设计锚孔，以数量计算	J2-232
WB010515010	波纹管	管径、材质	m	按设计图示尺寸，以长度计算	J2-233

E.16 螺栓、铁件（编码：010516）

项目编码	项目名称	项目特征	计量单位	工程量计算规则	定额编码
010516001	螺栓	1. 螺栓种类 2. 规格	t	按设计图示尺寸，以质量计算	J2-243
WB010516002	螺栓固定件	1. 钢材种类 2. 规格 3. 铁件尺寸			J2-244
010516002	预埋铁件	1. 钢材种类 2. 规格 3. 铁件尺寸			J2-241～J2-242
010516003	钢筋连接	1. 连接方式 2. 螺纹套筒种类 3. 规格	个	按实际数量计算	J2-236～J2-240
WB010515004	砌体、板缝钢筋加固	1. 钢筋种类、规格 2. 绑扎类型	t	按设计图示钢筋尺寸，以质量计算	J2-233、J2-234
WB010515005	墙面钢板（丝）网	钢筋网（钢丝网）种类、规格	m²	按设计图示尺寸，以面积计算	J2-235
WB010515006	植筋	钢筋种类、规格	根	按设计数量计算	J2-245～J2-257
WB010515007	混凝土结构加固	1. 加固结构名称 2. 加固材料名称、规格	m²	按设计图示尺寸，以加固面积计算	J2-258～J2-263

附录F 金属结构工程

F.1 钢网架（编码：010601）

项目编码	项目名称	项目特征	计量单位	工程量计算规则	定额编码
010601001	钢网架	1. 钢材品种、规格 2. 网架节点形式、连接方式	t	按设计图示尺寸，以质量计算	J6-39～J6-41

F.2 钢屋架、钢托架、钢桁架（编码：010602）

项目编码	项目名称	项目特征	计量单位	工程量计算规则	定额编码
010602001	钢屋架	1. 单榀质量 2. 拼装安装 3. 安装高度	t	按设计图示尺寸，以质量计算	J6-19～J6-23
010602002	钢托架	1. 单榀质量 2. 拼装安装 3. 安装高度	t	按设计图示尺寸，以质量计算	J6-26～J6-27
010602003	钢桁架	1. 单榀质量 2. 拼装安装 3. 安装高度	t	按设计图示尺寸，以质量计算	J6-24～J6-27

F.3 钢柱（编码：010603）

项目编码	项目名称	项目特征	计量单位	工程量计算规则	定额编码
WB010603001	钢柱	1. 柱类型 2. 单根柱质量 3. 拼装安装 4. 安装高度 5. 螺栓种类	t	按设计图示尺寸，以质量计算	J6-2～J6-8
WB010603002	钢框架	1. 框架类型 2. 单榀质量 3. 安装高度 4. 螺栓种类	t	按设计图示尺寸，以质量计算	J6-1

F.4 钢梁（编码：010604）

项目编码	项目名称	项目特征	计量单位	工程量计算规则	定额编码
010604001	钢梁	1. 梁类型 2. 单榀质量 3. 拼装安装 4. 安装高度 5. 螺栓种类	t	按设计图示尺寸，以质量计算	J6-13、J6-15、J6-16、J6-19～J6-22
010604002	钢吊车梁	1. 单榀质量 2. 安装高度 3. 螺栓种类	t	按设计图示尺寸，以质量计算	J6-9～J6-12、J6-14
WB010604003	钢轨	1. 轨道类型 2. 每米质量 3. 安装高度	t	按设计图示尺寸，以质量计算	J6-17～J6-18

F.5 钢屋面板、墙板（编码：010605）

项目编码	项目名称	项目特征	计量单位	工程量计算规则	定额编码
010605001	钢板楼板	1. 钢材品种、规格 2. 钢板厚度 3. 螺栓种类	m²	按设计图示尺寸，以铺设水平投影面积计算	J6-45
010605002	钢板墙板	1. 钢材品种、规格 2. 钢板厚度 3. 螺栓种类 4. 复合板夹芯材料种类、层数、型号、规格	m²	按设计图示尺寸，以铺挂面积计算	J6-48～J6-50、J6-52
WB010605003	钢板屋面板	1. 钢材品种、规格 2. 钢板厚度 3. 螺栓种类 4. 复合板夹芯材料种类、层数、型号、规格	m²	按设计图示尺寸，以面积计算	J6-46～J6-47、J6-51

F.6 钢构件（编码：010606）

项目编码	项目名称	项目特征	计量单位	工程量计算规则	定额编码
010606001	钢支撑、钢拉条	1. 构件类型 2. 安装高度 3. 螺栓种类	t	按设计图示尺寸，以质量计算	J6-28
010606002	钢檩条	1. 构件类型 2. 单根质量 3. 安装高度 4. 螺栓种类	t	按设计图示尺寸，以质量计算	J6-29～J6-30
010606006	钢平台	1. 螺栓种类	t	按设计图示尺寸，以质量计算	J6-35
010606007	钢走道	1. 螺栓种类	t	按设计图示尺寸，以质量计算	J6-36
010606008	钢梯	1. 钢梯形式 2. 螺栓种类	t	按设计图示尺寸，以质量计算	J6-37
010606009	钢护栏	钢材品种、规格	t	按设计图示尺寸，以质量计算	J6-38
010606010	钢漏斗	1. 漏斗形式 2. 安装高度	t	按设计图示尺寸，以质量计算	J6-55
010606011	钢天沟	1. 天沟形式 2. 安装高度	t	按设计图示尺寸，以质量计算	J6-54
010606013	零星钢构件	1. 构件名称	t	按设计图示尺寸，以质量计算	J6-53
WB010606014	联合平台	1. 平台质量 2. 螺栓种类	t	按设计图示尺寸，以质量计算	J6-42～J6-44
WB010606015	钢烟囱	1. 单榀质量 2. 安装高度 3. 螺栓种类	t	按设计图示尺寸，以质量计算	J6-56
WB010606016	高强螺栓	1. 规格型号	套	按设计图示数量计算	J6-58
WB010606017	栓钉	1. 规格型号	套	按设计图示数量计算	J6-57
WB010606018	小型构件	1. 单根质量 2. 螺栓种类 3. 安装方式	t	按设计图示尺寸，以质量计算	J6-31～J6-34
WB010606019	手工除锈	除锈程度	t	按设计图示尺寸，以质量计算	J6-75～J6-77
WB010606020	机械除锈	1. 机械除锈形式 2. 除锈砂类型	t	按设计图示尺寸，以质量计算	J6-78～J6-79

附录 G 木结构工程

G.1 木屋架（编码：010701）

项目编码	项目名称	项目特征	计量单位	工程量计算规则	定额编码
010701001	木屋架	1. 跨度 2. 材料品种、规格 3. 刨光要求 4. 拉杆及夹板种类 5. 防护材料种类	m³	按设计图示尺寸，以体积计算	J6-59～J6-60
010701002	钢木屋架	1. 跨度 2. 材料品种、规格 3. 刨光要求 4. 钢材品种、规格 5. 防护材料种类	m³	按设计图示尺寸，以体积计算	J6-61～J6-62

G.2 木构件（编码：010702）

项目编码	项目名称	项目特征	计量单位	工程量计算规则	定额编码
010702003	木檩	1. 构件规格尺寸 2. 木材种类 3. 刨光要求 4. 防护材料种类	m³	按设计图示尺寸，以体积计算	J6-63、J6-64
010702004	木楼梯	1. 楼梯形式 2. 木材种类 3. 刨光要求 4. 防护材料种类	m³	按设计图示尺寸，以水平投影面积计算	J6-74

G.3 屋面木基层（编码：010703）

项目编码	项目名称	项目特征	计量单位	工程量计算规则	定额编码
010703001	屋面木基层	1. 椽子断面尺寸及椽距 2. 望板材料种类、厚度 3. 防护材料种类	m²	按设计图示尺寸，以斜面积计算	J6-65～J6-72
WB010703002	封檐板、博风板	1. 构件规格尺寸 2. 木材种类	m	按设计图示尺寸，以长度计算	J6-73

附录 H 门窗工程

H.1 木门（编码：010801）

项目编码	项目名称	项目特征	计量单位	工程量计算规则	定额编码
010801001	木质门	1. 门代号及洞口尺寸 2. 五金品种、规格	m²	按设计图示洞口尺寸，以面积计算	Z5-26、Z5-27
WB010801002	门扇制作、安装	1. 门代号及洞口尺寸 2. 镶嵌玻璃品种、厚度 3. 门窗材质	m²	按设计图示扇外围尺寸，以面积计算	Z5-21～Z5-23
WB010801003	门扇装饰	装饰材料品种		按装饰材料的展开面积计算	Z5-24、Z5-25
WB010801004	装饰门扇安装	1. 扇规格、尺寸 2. 扇材质	扇	按设计图示数量计算	Z5-28
010801004	木质防火门	1. 门代号及洞口尺寸 2. 成品安装 3. 五金品种、规格	m²	按设计图示洞口尺寸，以面积计算	Z5-16
010801005	木门框	1. 门代号及洞口尺寸 2. 框截面尺寸	m	按设计门框中心线，以长度计算	Z5-20
010801006	门锁安装	1. 锁的品种 2. 锁的规格	个（套）	按设计图示数量计算	Z5-57～Z5-59、Z5-67
WB010801007	不锈钢包门框	1. 门代号及洞口尺寸 2. 框截面尺寸 3. 龙骨、基层材料品种、规格 4. 面层材料品种、规格	m²	按设计图示尺寸，以展开面积计算	Z5-34、Z5-35
WB010801008	五金安装	1. 五金的品种 2. 五金的规格	个（副、只）	按设计图示数量计算	Z5-56、Z5-60～Z5-66、Z5-68～Z5-71

59

H.2　金属门（编码：010802）

项目编码	项目名称	项目特征	计量单位	工程量计算规则	定额编码
010802001	金属门	1. 门名称、代号及洞口尺寸 2. 门材质 3. 玻璃品种、厚度	m²	按设计图示洞口尺寸，以面积计算	Z5-1～Z5-3
010802002	彩板门	1. 门代号及洞口尺寸 2. 门框或扇材质			J5-51
010802003	钢质防火门	1. 门代号及洞口尺寸 2. 成品安装 3. 五金品种、规格	m²		Z5-15
010802004	防盗门	1. 门代号及洞口尺寸 2. 门材质			Z5-12

H.3　金属卷帘门（编码：010803）

项目编码	项目名称	项目特征	计量单位	工程量计算规则	定额编码
010803001	金属卷闸门	1. 门代号及洞口尺寸 2. 门材质	m²	按设计图纸安装高度乘以门的实际宽度，以面积计算	Z5-9
010803002	防火卷帘门			按设计图纸安装高度乘以门的实际宽度，以面积计算	Z5-17
WB010803003	防火卷帘（金属卷闸）门电动装置	启动装置品种、规格	套	按设计图示数量计算	Z5-10、Z5-18
WB010803004	金属卷闸门活动小门增加费	门规格、材质	扇		Z5-11

H.4 厂库房大门、特种门（编码：010804）

项目编码	项目名称	项目特征	计量单位	工程量计算规则	定额编码
010804001	木板大门	1. 门代号及洞口尺寸 2. 门材质	m²	按设计图示门扇尺寸，以面积计算	J5-1～J5-8
010804002	钢木大门		m²	按设计图示门扇尺寸，以面积计算	J5-9～J5-20
010804003	全板钢大门		m²	按设计图示门扇尺寸，以面积计算	J5-21～J5-26
010804004	防护铁丝门		m²	按设计图示门扇尺寸，以面积计算	J5-43～J5-46
010804005	格栅门安装		m²	按设计图示洞口尺寸，以面积计算	Z5-14
010804007	特种门	1. 门代号及洞口尺寸 2. 门框或扇材料品种、规格 3. 保温材料种类 4. 面板材料种类 5. 防护材料种类	m²	按设计图示洞口尺寸，以面积计算	J5-27～J5-41
WB010804008	大门钢骨架制作	1. 门代号及门尺寸 2. 钢骨架外围尺寸 3. 钢骨架材料品种、规格	t	按设计图示尺寸，以质量计算	J5-47
WB010804009	围墙钢大门	1. 门代号及洞口尺寸 2. 门框或扇材料品种、规格 3. 五金品种、规格	m²	按设计图示门框或门扇尺寸，以面积计算	J5-48、J5-49
WB010804010	成品折叠门安装				J5-50
WB010804011	彩钢板围墙	1. 围墙尺寸 2. 彩板品种、规格 3. 五金配件品种、规格	m²	按设计图示尺寸，以面积计算	J5-52
WB010804012	厂库房大门、特种门五金配件	1. 五金配件品种 2. 五金配件规格	只（套或副）	按设计图示数量计算	J5-53～J5-67

H.5 其他门（编码：010805）

项目编码	项目名称	项目特征	计量单位	工程量计算规则	定额编码
010805001	电子感应门	1. 门代号及洞口尺寸	樘	按设计图示数量计算	Z5-29
010805002	旋转门	2. 门材质 3. 玻璃品种、厚度			Z5-30
WB010805003	电磁感应装置	启动装置品种、规格	套	按设计图示数量计算	Z5-31
010805003	电子对讲门（单元安全门）	1. 门代号及洞口尺寸 2. 门材质	m²	按设计图示尺寸，以面积计算	J5-42
010805004	电动伸缩门	1. 门代号及洞口尺寸 2. 门材质 3. 玻璃品种、厚度	m²	按设计图示洞口尺寸，以面积计算	Z5-32
WB010805005	电动伸缩门电动装置	启动装置品种、规格	套	按设计图示数量计算	Z5-33
010805005	全玻自由门	1. 门代号及洞口尺寸 2. 门框材质 3. 玻璃品种、厚度	m²	按设计图示洞口尺寸，以面积计算	Z5-36
WB010805006	固定无框玻璃窗	玻璃品种、厚度、规格	m²	按设计图纸尺寸，以面积计算	Z5-37

H.7 金属窗（编码：010807）

项目编码	项目名称	项目特征	计量单位	工程量计算规则	定额编码
010807001	金属窗	1. 窗代号及洞口尺寸 2. 窗材质 3. 玻璃品种、厚度	m²	按设计图示洞口尺寸，以面积计算	Z5-4～Z5-7
010807002	金属防火窗				Z5-19
010807003	金属百页窗				Z5-8
010807005	金属格栅（防盗）窗	1. 窗代号及洞口尺寸 2. 窗材质	m²	按设计图示洞口尺寸，以面积计算	Z5-13

H.8 门窗套（编码：010808）

项目编码	项目名称	项目特征	计量单位	工程量计算规则	定额编码
010808001	木门窗套	1. 窗代号及洞口尺寸 2. 门窗套展开宽度 3. 基层材料种类 4. 面层材料种类、规格	m²	按设计图示尺寸，以展开面积计算	Z5-38～Z5-40
010808005	石材门窗套	1. 窗代号及洞口尺寸 2. 门窗套展开宽度 3. 粘结层种类及厚度、砂浆配合比 4. 面层材料品种、规格	m²	按设计图示尺寸，以展开面积计算	Z5-41
010808006	门窗木贴脸	1. 门窗代号及洞口尺寸 2. 贴脸板宽度 3. 贴脸材料种类	m	按设计图示尺寸，以长度计算	Z5-42
010808007	成品木门窗套	1. 门窗套代号及洞口尺寸 2. 门窗套展开宽度 3. 门窗套材料品种、规格	m	按设计图示尺寸，以长度计算	Z5-43

H.9 窗台板（编码：010809）

项目编码	项目名称	项目特征	计量单位	工程量计算规则	定额编码
010809001	木窗台板	1. 基层材料种类 2. 窗台面板材质、规格、颜色	m²	按设计图示尺寸，以实铺面积计算	Z5-44
010809004	石材窗台板	1. 粘结层种类及厚度、砂浆配合比 2. 窗台板材质、规格、颜色	m²	按设计图示尺寸，以实铺面积计算	Z5-45

H.10 窗帘、窗帘盒、轨（编码：010810）

项目编码	项目名称	项目特征	计量单位	工程量计算规则	定额编码
010810001	窗帘	1. 窗帘材质 2. 窗帘高度、宽度 3. 窗帘层数、每层材质 4. 带幔要求	m²	按设计图示尺寸，以展开面积计算	Z5-46～Z5-48
010810002	木窗帘盒	1. 窗帘盒材质、规格 2. 饰面板材质	m	按设计图示尺寸，以长度计算	Z5-49～Z5-51
010810005	窗帘轨	1. 窗帘轨、罗马杆材质、规格 2. 窗帘轨、罗马杆的数量	m	按设计图示尺寸，以长度计算	Z5-52～Z5-55

附录 J 屋面及防水工程

J.1 瓦、型材及其他屋面（编码：010901）

项目编码	项目名称	项目特征	计量单位	工程量计算规则	定额编码
010901001	瓦屋面	1. 瓦品种、规格 2. 粘结层砂浆的配合比 3. 防水材料种类		按设计图示尺寸，以斜面积计算	J3-1～J3-8
010901002	型材屋面	型材品种、规格			J3-9～J3-14
010901003	阳光板屋面	1. 阳光板品种、规格 2. 骨架材料品种、规格 3. 接缝、嵌缝材料种类 4. 油漆品种、刷漆遍数	m²	按设计图示尺寸，以斜面积计算	J3-15
WB010901004	多彩油毡瓦屋面	多彩油毡瓦品种、规格			J3-16
010901004	膜结构屋面	1. 膜布品种、规格 2. 钢丝绳品种、规格 3. 锚固基座做法 4. 油漆品种、刷漆遍数		按设计图示尺寸，以需要覆盖的水平投影面积计算	J3-17～J3-18

J.2 屋面防水及其他（编码：010902）

项目编码	项目名称	项目特征	计量单位	工程量计算规则	定额编码
010902001	屋面卷材防水	1. 卷材品种、规格、厚度 2. 防水层数 3. 防水层做法	m²	按设计图示尺寸，以面积计算	J3-19～J3-32

项目编码	项目名称	项目特征	计量单位	工程量计算规则	定额编码
010902002	屋面涂膜防水	1. 防水膜品种 2. 涂膜厚度、遍数 3. 增强材料种类	m²	按设计图示尺寸，以面积计算	J3-52～J3-79
010902003	屋面刚性层	1. 刚性层厚度 2. 混凝土强度等级 3. 嵌缝材料种类 4. 钢筋规格、型号	m²	按设计图示尺寸，以面积计算	J3-33～J3-36
WB010302004	金属面上防水	1. 防水膜品种 2. 涂膜厚度、遍数 3. 增强材料种类	m²	按设计图示尺寸，以面积计算	J3-37～J3-39
WB010302005	隔汽（离）层	1. 隔汽（离）层品种、规格、厚度 2. 隔汽（离）层做法	m²	按设计图示尺寸，以面积计算	J3-40～J3-51
WB010302006	屋面排气管	1. 排气管品种、规格 2. 屋面形式	套	按设计图示数量计算	J3-109～J3-112
WB010302007	屋面上人孔	盖板规格、材料	个	按设计图示数量计算	J3-113

J.3 墙面防水、防潮（编码：010903）

项目编码	项目名称	项目特征	计量单位	工程量计算规则	定额编码
010903001	墙面卷材防水	1. 卷材品种、规格、厚度 2. 防水层数 3. 防水层做法	m²	按设计图示尺寸，以面积计算	J3-19～J3-32
010903002	墙面涂膜防水	1. 防水膜品种 2. 涂膜厚度、遍数 3. 增强材料种类	m²	按设计图示尺寸，以面积计算	J3-52～J3-79
010903003	墙面砂浆防水（防潮）	1. 防水层做法 2. 砂浆厚度、配合比	m²	按设计图示尺寸，以面积计算	J3-70、J3-72
010903004	墙面变形缝	1. 嵌缝材料种类 2. 止水带材料种类 3. 盖缝材料 4. 防护材料种类	m	按设计图示尺寸，以长度计算	J3-80～J3-108

J.4 楼（地）面防水、防潮（编码：010904）

项目编码	项目名称	项目特征	计量单位	工程量计算规则	定额编码
010904001	楼（地）面卷材防水	1. 卷材品种、规格、厚度 2. 防水层数 3. 防水层做法 4. 反边高度	m²	按设计图示尺寸，以面积计算	J3-19～J3-32
010904002	楼（地）面涂膜防水	1. 防水膜品种 2. 涂膜厚度、遍数 3. 增强材料种类 4. 反边高度	m²	按设计图示尺寸，以面积计算	J3-52～J3-79
010904003	楼（地）面砂浆防水（防潮）	1. 防水层做法 2. 砂浆厚度、配合比 3. 反边高度	m²	按设计图示尺寸，以面积计算	J3-69、J3-71
010904004	楼（地）面变形缝	1. 嵌缝材料种类 2. 止水带材料种类 3. 盖缝材料 4. 防护材料种类	m	按设计图示尺寸，以长度计算	J3-80～J3-108

附录 K 保温、隔热、防腐工程

K.1 保温、隔热（编码：011001）

项目编码	项目名称	项目特征	计量单位	工程量计算规则	定额编码
011001001	保温隔热屋面	1. 保温隔热材料品种、规格、厚度 2. 粘结材料种类、做法	1. m² 2. m³	1. 按设计图示尺寸，以面积计算 2. 按设计图示尺寸，以体积计算	J4-3～J4-14
011001002	保温隔热天棚	1. 保温隔热材料品种、规格、厚度 2. 粘结材料种类、做法	m²	按设计图示尺寸，以面积计算	J4-15～J4-19
011001003	保温隔热墙面	1. 保温隔热部位 2. 保温隔热方式 3. 龙骨材料品种、规格 4. 保温隔热材料品种、规格及厚度 5. 增强网及抗裂防水砂浆种类 6. 粘结材料种类及做法 7. 防护材料种类及做法	m²	按设计图示尺寸，以面积计算	J4-20～J4-37
011001005	保温隔热楼地面	1. 保温隔热部位 2. 保温隔热材料品种、规格及厚度 3. 粘结材料种类及做法	m²	按设计图示尺寸，以面积计算	J4-38～J4-43
WB011001001006	刷界面砂浆	1. 保温隔热部位 2. 界面材料种类、做法	m²	按设计图示尺寸，以面积计算	J4-1
WB011001001007	刷界面剂	1. 保温隔热部位 2. 界面材料种类、做法	m²	按设计图示尺寸，以面积计算	J4-2

K.2 防腐面层（编码：011002）

011002001	防腐混凝土面层	1. 防腐部位 2. 面层厚度 3. 混凝土种类 4. 胶泥种类、配合比	m²	按设计图示尺寸，以面积计算	J9-1～J9-8
011002002	防腐砂浆面层	1. 防腐部位 2. 面层厚度 3. 砂浆、胶泥种类、配合比	m²		J9-10～J9-23
011002003	防腐胶泥面层	1. 防腐部位 2. 面层厚度 3. 胶泥种类、配合比	m²		J9-24～J9-26
011002004	玻璃钢防腐面层	1. 防腐部位 2. 玻璃钢种类 3. 贴布材料的种类、层数 4. 面层材料品种	m²		J9-27～J9-38
011002005	聚氯乙烯塑料地面	1. 防腐部位 2. 面层材料品种、厚度 3. 粘结材料种类	m²		J9-39
011002006	块料防腐面层	1. 防腐部位 2. 块料品种、规格 3. 粘结材料种类 4. 勾缝材料种类	m²		J9-40～J9-65
011002007	池、槽块料防腐面层	1. 防腐池、槽名称、代号 2. 块料品种、规格 3. 粘结材料种类 4. 勾缝材料种类	m²	按设计图示尺寸，以展开面积计算	J9-66～J9-77

K.3 其他防腐（编码：011003）

011003001	隔离层	1. 隔离层部位 2. 隔离层材料品种 3. 隔离层做法 4. 粘结材料种类	m²	按设计图示尺寸，以面积计算	J9-78～J9-83
011003002	砖筑沥青浸渍砖	1. 砌筑部位 2. 浸渍砖规格 3. 胶泥种类 4. 浸渍砖砌法	m²	按设计图示尺寸，以展开面积计算	J9-84～J9-85
011003003	防腐涂料	1. 涂刷部位 2. 基层材料类型 3. 刮腻子的种类、遍数 4. 涂料品种、涂刷遍数	m²	按设计图示尺寸，以面积计算	J9-86～J9-105
WB011003004	酸化处理	1. 防腐部位 2. 涂刷遍数	m²	按设计图示尺寸，以面积计算	J9-9

70

附录 L 楼地面装饰工程

L.1 整体面层及找平层（编码：011101）

项目编码	项目名称	项目特征	计量单位	工程量计算规则	定额编码
011101001	水泥砂浆楼地面	1. 面层厚度、砂浆配合比 2. 面层做法要求	m²		Z1-1、Z1-2
011101002	现浇水磨石楼地面	1. 面层厚度、水泥石子浆配合比 2. 嵌条材料种类、规格 3. 石子种类、规格、颜色 4. 颜料种类、颜色 5. 图案要求	m²		Z1-6～Z1-9
011101003	细石混凝土楼地面	面层厚度、混凝土强度等级	m²		Z1-10、Z1-11
011101005	自流坪楼地面	混合料种类	m²		Z1-18
011101006	水泥砂浆楼地面找平层	1. 找平层厚度、砂浆配合比 2. 素水泥浆遍数	m²	按设计图示尺寸，以面积计算	Z1-14、Z1-15
WB011101007	细石混凝土找平层	1. 找平层厚度、混凝土强度等级 2. 素水泥浆遍数	m²		Z1-16、Z1-17
WB011101008	金刚砂耐磨地坪	面层厚度、骨料用量	m²		Z1-19
WB011101009	水泥石屑浆楼地面	面层厚度、砂浆配合比	m²		Z1-3、Z1-4
WB011101010	水泥砂浆坡道防滑齿槽	面层厚度、砂浆配合比	m²		Z1-5
WB011101011	混凝土面加浆抹光随捣随抹	砂浆配合比	m²		Z1-12
WB011101012	表面压横道纹		m²		Z1-13

L.2 块料面层（编码：011102）

项目编码	项目名称	项目特征	计量单位	工程量计算规则	定额编码
011102001	石材楼地面	1. 找平层厚度、砂浆配合比 2. 结合层厚度、砂浆配合比或粘接剂种类 3. 面层材料品种、规格、颜色	m²	按设计图示尺寸，以面积计算	Z1-20～Z1-25
011102002	碎石材楼地面				Z1-26
011102003	块料楼地面				Z1-27～Z1-37

L.3 橡塑面层（编码：011103）

项目编码	项目名称	项目特征	计量单位	工程量计算规则	定额编码
011103001	橡胶板楼地面	1. 粘结层厚度、材料种类 2. 面层材料品种、规格、颜色	m²	按设计图示尺寸，以面积计算	Z1-38
011103002	橡胶板卷材楼地面				Z1-39

L.4 其他材料面层（编码：011104）

项目编码	项目名称	项目特征	计量单位	工程量计算规则	定额编码
011104001	地毯楼地面	1. 面层材料品种、规格、颜色 2. 粘结材料种类 3. 压线条种类	m²	按设计图示尺寸，以面积计算	Z1-40、Z1-41
011104002	竹、木（复合）地板	面层材料品种、规格、颜色	m²		Z1-42、Z1-43
011104004	防静电活动地板	1. 支架高度、材料种类 2. 面层材料品种、规格、颜色 3. 防护材料种类	m²		Z1-50
WB011104005	木地板木地楞	龙骨材料种类、规格、铺设间距	m²		Z1-47、Z1-48
WB011104006	旧木地板机械磨光	打磨要求	m²		Z1-49
WB011104007	木地台基层板	基层板种类、规格	m²		Z1-46
WB011104008	木地台木龙骨	龙骨材料种类、规格	m²		Z1-44
WB011104009	木地台钢龙骨	龙骨材料种类、规格	t	按设计图示尺寸，以质量计算	Z1-45

L.5 踢脚线（编码：011105）

项目编码	项目名称	项目特征	计量单位	工程量计算规则	定额编码
011105001	水泥砂浆踢脚线	1. 踢脚线高度 2. 底层厚度、砂浆配合比 3. 面层厚度、砂浆配合比	m	按设计图示尺寸，以长度计算	Z1-51
011105002	石材踢脚线	1. 踢脚线高度 2. 粘贴层厚度、材料种类 3. 面层材料品种、规格、颜色			Z1-52、Z1-53
011105003	块料踢脚线				Z1-54、Z1-55
011105005	木质踢脚线	1. 踢脚线高度 2. 基层材料种类、规格 3. 面层材料品种、规格、颜色			Z1-56
WB011105006	成品踢脚线				Z1-57、Z1-58

L.6 楼梯面层（编码：011106）

项目编码	项目名称	项目特征	计量单位	工程量计算规则	定额编码
011106001	石材楼梯面层	1. 粘接层厚度、材料种类 2. 面层材料品种、规格、颜色 3. 勾缝材料种类	m²	按设计图示尺寸，以楼梯（包括踏步、休息平台及≤500mm的楼梯井）水平投影面积计算	Z1-59～Z1-62
011106002	块料楼梯面层				Z1-63
011106004	水泥砂浆楼梯面层	面层厚度、砂浆配合比			Z1-64
011106006	地毯楼梯面层	1. 基层种类 2. 面层材料品种、规格、颜色 3. 防护材料种类 4. 粘结材料种类 5. 固定配件材料种类、规格			Z1-65～Z1-67

L.7 台阶装饰（编码：011107）

项目编码	项目名称	项目特征	计量单位	工程量计算规则	定额编码
011107001	石材台阶面	1. 找平层厚度、砂浆配合比 2. 粘结层材料种类 3. 面层材料品种、规格、颜色 4. 勾缝材料种类	m²	按设计图示尺寸，以台阶（包括最上层踏步边沿加300mm）水平投影面积计算	Z1-86、Z1-87
011107002	块料台阶面				Z1-88
011107004	水泥砂浆台阶面	面层厚度、砂浆配合比			Z1-89

L.8 零星装饰项目（编码：011108）

项目编码	项目名称	项目特征	计量单位	工程量计算规则	定额编码
011108001	石材零星项目	1. 工程部位 2. 找平层厚度、砂浆配合比 3. 贴结合层厚度、材料种类 4. 面层材料品种、规格、颜色 5. 勾缝材料种类	m²	按设计图示尺寸，以面积计算	Z1-90
WB011108002	石材点缀块料		个	按设计图示数量计算	Z1-91
011108003	块料零星项目		m²	按设计图示尺寸，以面积计算	Z1-92、Z1-93
WB011108004	分隔嵌条、防滑条	1. 工程部位 2. 材料种类、规格	m	按设计图示尺寸，以长度计算	Z1-94～Z1-98
WB011108005	酸洗打蜡		m²	按设计图示尺寸，以面积计算	Z1-99
WB011108006	石材面防护		m²	按投影面积计算	Z1-100

附录 M 墙、柱面装饰与隔断、幕墙工程

M.1 墙面抹灰（编码：011201）

项目编码	项目名称	项目特征	计量单位	工程量计算规则	定额编码
011201001	墙面一般抹灰	1. 底层厚度、砂浆配合比 2. 面层厚度、砂浆配合比	m²	按设计图示尺寸，以面积计算	Z2-1～Z2-9、Z2-11、Z2-12
011201003	墙面勾缝	1. 勾缝类型 2. 勾缝材料种类	m²	按设计图示尺寸，以面积计算	Z2-13
WB011201006	室内造型分格缝	1. 分格材料、位置	m	按设计图示尺寸，以长度计算	Z2-10

M.2 柱（梁）面抹灰（编码：011202）

项目编码	项目名称	项目特征	计量单位	工程量计算规则	定额编码
011202001	柱、梁面一般抹灰	1. 底层厚度、砂浆配合比 2. 面层厚度、砂浆配合比	m²	1. 柱面抹灰：按设计图示柱断面周长乘以高度，以面积计算 2. 梁面抹灰：按设计图示梁断面周长乘以长度，以面积计算	Z2-14～Z2-16

M.3 零星抹灰（编码：011203）

项目编码	项目名称	项目特征	计量单位	工程量计算规则	定额编码
011203001	零星项目一般抹灰	1. 底层厚度、砂浆配合比 2. 面层厚度、砂浆配合比	m²	按设计图示尺寸，以面积计算	Z2-17、Z2-19
WB011201007	砂浆装饰线条	1. 底层厚度、砂浆配合比 2. 面层厚度、砂浆配合比	m	按设计图示尺寸，以长度计算	Z2-18、Z2-20

M.4 墙面块料面层（编码：011204）

项目编码	项目名称	项目特征	计量单位	工程量计算规则	定额编码
011204001	石材墙面	1. 安装方式 2. 面层材料品种、规格、品牌、颜色	m²	按设计图示尺寸，以镶贴表面积计算	Z2-21～Z2-23
011204003	块料墙面	3. 结合层材料种类 4. 缝宽、嵌缝材料种类 5. 防护材料种类	m²	按设计图示尺寸，以镶贴表面积计算	Z2-24～Z2-35、Z2-37
WB011204004	墙面花砖腰线	1. 结合层材料种类 2. 面层材料品种、规格、品牌、颜色	m	按设计图示尺寸，以长度计算	Z2-36

M.5 柱（梁）面镶贴块料（编码：011205）

项目编码	项目名称	项目特征	计量单位	工程量计算规则	定额编码
011205001	石材柱（梁）面	1. 安装方式 2. 面层材料品种、规格、品牌、颜色 3. 结合层材料种类 4. 缝宽、嵌缝材料种类 5. 防护材料种类	m²	按设计图示尺寸，以镶贴表面积计算	Z2-38
011205002	块料柱（梁）面	1. 安装方式 2. 面层材料品种、规格、品牌、颜色 3. 结合层材料种类 4. 缝宽、嵌缝材料种类 5. 防护材料种类	m²	按设计图示尺寸，以镶贴表面积计算	Z2-39、Z2-40

M.6 镶贴零星块料（编码：011206）

项目编码	项目名称	项目特征	计量单位	工程量计算规则	定额编码
011206001	石材零星项目	1. 安装方式 2. 面层材料品种、规格、品牌、颜色 3. 结合层材料种类 4. 缝宽、嵌缝材料种类 5. 防护材料种类	m²	按设计图示尺寸，以镶贴表面积计算	Z2-41、Z2-42

项目编码	项目名称	项目特征	计量单位	工程量计算规则	定额编码
011206002	块料零星项目	1. 安装方式 2. 面层材料品种、规格、品牌、颜色 3. 结合层材料种类 4. 缝宽、嵌缝材料种类 5. 防护材料种类	m²	按设计图示尺寸，以镶贴表面积计算	Z2-43～Z2-48

M.7 墙饰面（编码：011207）

项目编码	项目名称	项目特征	计量单位	工程量计算规则	定额编码
011207001	墙面装饰板	1. 基层材料种类、规格 2. 面层材料品种、规格、品牌、颜色	m²	按饰面外围尺寸，以展开面积计算	Z2-63～Z2-73
WB011207002	墙面木（轻钢）龙骨	1. 龙骨材料种类、规格、中距	m²	按设计图示尺寸，以展开面积计算	Z2-49～Z2-57
WB011207003	墙面型钢龙骨	1. 龙骨材料种类、规格、中距	t	按设计图示尺寸，以质量计算	Z2-58
WB011207004	墙面基层	1. 基层材料种类、规格	m²	按基层外围尺寸，以展开面积计算	Z2-59～Z2-62
WB011207005	铝塑板内墙面（方管）	1. 骨架材料种类、规格、中距 2. 面层材料品种、规格、品牌、颜色	m²	按饰面外围尺寸，以展开面积计算	Z2-74

M.8 柱（梁）饰面（编码：011208）

项目编码	项目名称	项目特征	计量单位	工程量计算规则	定额编码
011208001	柱（梁）面装饰	1. 面层材料品种、规格、品牌、颜色	m²	按设计图示饰面外围尺寸，以面积计算	Z2-80～Z2-86
WB011208002	柱（梁）面木龙骨	1. 柱梁面类型 2. 龙骨材料种类、规格、中距	m²	按设计图示尺寸，以展开面积计算	Z2-75～Z2-77
WB011208003	柱（梁）面基层	1. 隔离层材料种类、规格 2. 基层材料种类、规格	m²	按基层外围尺寸，以展开面积计算	Z2-78～Z2-79

M.9 幕墙工程（编码：011209）

项目编码	项目名称	项目特征	计量单位	工程量计算规则	定额编码
WB011209001	石材、墙砖幕墙	1. 石材品种、规格、颜色 2. 固定方式 3. 安装部位	m²	按设计图示尺寸，以展开面积计算	Z4-1～Z4-3、Z4-5～Z4-10
WB011209002	转角钢销		个	按设计要求，数量计算	Z4-4
WB011209003	玻璃幕墙	1. 玻璃品种、规格、颜色 2. 固定方式	m²	按设计图示框外围尺寸，以面积计算。带肋全玻幕墙按展开面积计算	Z4-11～Z4-16
WB011209004	铝合金幕墙窗	1. 窗类型 2. 铝合金型材规格、型号、尺寸 3. 玻璃品种、规格、颜色	m²	按设计窗洞口尺寸，以面积计算	Z4-19、Z4-20
WB011209005	悬窗电动装置		套	按设计图示，数量计算	Z4-21
WB011209007	全玻璃幕墙	1. 玻璃品种、规格、颜色 2. 安装方式	m²	按设计图示尺寸，以展开面积计算	Z4-17、Z4-18
WB011209008	金属板幕墙	金属板材品种、规格、颜色	m²	按设计图示尺寸，以展开面积计算	Z4-22、Z4-23
WB011209009	点支撑玻璃幕墙	1. 玻璃品种、规格、颜色 2. 安装方式	m²	按设计图示尺寸，以展开面积计算	Z4-24～Z4-27
WB011209010	玻璃雨篷	1. 玻璃品种、规格、颜色 2. 固定方式	m²	按设计图示框外围尺寸，以投影面积计算	Z4-28～Z4-30
WB011209011	成品一体化幕墙	1. 材料品种、规格、颜色 2. 安装方式	m²	按设计图示尺寸，以展开面积计算	Z4-31
WB011209012	幕墙收口	嵌缝、塞口材料种类	m	按设计图示尺寸，以长度计算	Z4-47
WB011209013	幕墙封边	材料种类	m	按设计图示尺寸，以长度计算	Z4-46

项目编码	项目名称	项目特征	计量单位	工程量计算规则	定额编码
WB011209014	幕墙龙骨	1. 骨架材料种类、规格 2. 防锈漆遍数	t	按设计图示尺寸，以质量计算	Z4-32、Z4-33
WB011209015	后置镀锌钢板	1. 钢板厚度 2. 防锈漆遍数	t	按设计图示尺寸，以质量计算	Z4-34
WB011209016	幕墙防火带	1. 骨架材料种类、规格 2. 防锈漆遍数 3. 钢板厚度	m	按设计图示尺寸以单面投影面积计算	Z4-35、Z4-36
WB011209017	幕墙铝合金百叶	百叶规格	m²	按设计图示洞口尺寸，以面积计算	Z4-37
WB011209018	化学（穿墙）螺栓	螺栓种类	个	按设计图示，数量计算	Z4-38、Z4-39
WB011209019	防雷系统	系统材料品种、规格	m	按设计图示尺寸，以长度计算	Z4-40、Z4-41
WB011209020	幕墙内衬板	衬板材料、规格	m²	按设计图示尺寸，以面积计算	Z4-42、Z4-43
WB011209021	干挂石材装饰线	石材规格	m	按设计图示尺寸，以长度计算	Z4-44、Z4-45

M. 10 隔断（编码：011210）

项目编码	项目名称	项目特征	计量单位	工程量计算规则	定额编码
011210002	金属隔断	1. 骨架、边框材料种类、规格 2. 隔板材料品种、规格、品牌、颜色 3. 嵌缝、塞口材料品种	m²	按设计图示框外围尺寸，以面积计算	Z2-90～Z2-92
011210003	玻璃隔断	1. 边框材料种类、规格 2. 玻璃品种、规格、颜色 3. 嵌缝、塞口材料品种	m²	按设计图示框外围尺寸，以面积计算	Z2-87～Z2-89、Z2-93
011210005	成品隔断	1. 隔断材料品种、规格、颜色 2. 配件品种、规格	m²	按设计图示框外围尺寸，以面积计算	Z2-94
011210001	其他隔断	1. 骨架、边框材料种类、规格 2. 隔板材料品种、规格、品牌、颜色	m²	按设计图示框外围尺寸，以面积计算	Z2-95、Z2-96

附录 N 天棚工程

N.1 天棚抹灰（编码：011301）

项目编码	项目名称	项目特征	计量单位	工程量计算规则	定额编码
011301001	天棚抹灰	1. 抹灰厚度、材料种类 2. 砂浆配合比	m²	按设计图示尺寸，以水平投影面积计算	Z3-1～Z3-2

N.2 天棚吊顶（编码：011302）

项目编码	项目名称	项目特征	计量单位	工程量计算规则	定额编码
11302002	格栅吊顶	格栅规格、种类		按设计图示尺寸，以水平投影面积计算	Z3-54～Z3-56
WB011302002	天棚吊筋	1. 吊顶形式、吊杆规格、高度 2. 安装固定方式		按设计图示尺寸，以展开面积计算	Z3-3～Z3-10
WB011302003	天棚龙骨	1. 龙骨材料种类、规格、中距			Z3-11～Z3-22
WB011303004	天棚基层	1. 基层材料种类、规格	m²	按设计图示尺寸，以展开面积计算	Z3-23～Z3-27
WB011303005	天棚面层	1. 面层材料品种、规格 2. 压条材料种类、规格 3. 嵌缝材料种类 4. 防护材料种类			Z3-28～Z3-51、Z3-53
WB011303006	透光灯膜	1. 面层材料品种、规格 2. 压条材料种类、规格 3. 嵌缝材料种类 4. 防护材料种类		按设计图示尺寸，以水平投影面积计算	Z3-57
WB011303007	铝合金挂片天棚	1. 面层材料品种、规格 2. 压条材料种类、规格 3. 嵌缝材料种类 4. 防护材料种类	m	按设计图示尺寸，以长度计算	Z3-52

N.4 天棚其他装饰（编码：011304）

项目编码	项目名称	项目特征	计量单位	工程量计算规则	定额编码
11304001	灯带（槽）	1. 灯带形式、尺寸 2. 灯片材料品种、规格 3. 安装固定方式	m	按设计图示尺寸，以长度计算	Z3-62～Z3-63
WB011304002	灯盘、角花、灯孔	1. 灯口材料品种、规格 2. 安装固定方式 3. 防护材料种类	个	按设计图示数量计算	Z3-58～Z3-61
WB011304003	检修口	1. 检查口材料品种、规格 2. 安装固定方式 3. 防护材料种类	个	按设计图示数量计算	Z3-64～Z3-66
WB011304004	玻璃丝棉	1. 材料品种、规格 2. 安装固定方式 3. 防护材料种类	m²	按设计图示尺寸，以面积计算	Z3-67
WB011304005	天棚检修道	1. 材料品种、规格 2. 安装固定方式 3. 防护材料种类	m	按设计图示尺寸，以长度计算	Z3-68～Z3-69

附录 P 油漆、涂料、裱糊工程

P. 1 门油漆（编码：011401）

项目编码	项目名称	项目特征	计量单位	工程量计算规则	定额编码
011401001	木门油漆	1. 门类型 2. 门代号及洞口尺寸 3. 腻子种类 4. 刮腻子遍数 5. 防护材料种类 6. 油漆品种、刷漆遍数	m²	按设计图示洞口尺寸，以面积计算	Z6-1、Z6-4、Z6-7、Z6-10、Z6-13、Z6-16、Z6-19、Z6-22

P. 3 木扶手及其他板条、线条油漆（编码：011403）

项目编码	项目名称	项目特征	计量单位	工程量计算规则	定额编码
011403001	木扶手油漆	1. 断面尺寸 2. 腻子种类 3. 刮腻子遍数 4. 防护材料种类 5. 油漆品种、刷漆遍数	m	按设计图示尺寸，以长度计算	Z6-3、Z6-6、Z6-9、Z6-12、Z6-15、Z6-18、Z6-21、Z6-24

P. 4 木材面油漆（编码：011404）

项目编码	项目名称	项目特征	计量单位	工程量计算规则	定额编码
WB011404001	木材面油漆	1. 腻子种类 2. 刮腻子遍数 3. 防护材料种类 4. 油漆品种、刷漆遍数	m²	按设计图示尺寸，以面积计算	Z6-2、Z6-5、Z6-8、Z6-11、Z6-14、Z6-17、Z6-20、Z6-23
011404014	木地板油漆	1. 腻子种类 2. 刮腻子遍数 3. 防护材料种类 4. 油漆品种、刷漆遍数	m²	按设计图示尺寸，以面积计算	Z6-27、Z6-28

P.5 金属面油漆（编码：011405）

项目编码	项目名称	项目特征	计量单位	工程量计算规则	定额编码
011405001	金属面油漆	1. 构件名称 2. 腻子种类 3. 刮腻子要求 4. 防护材料种类 5. 油漆品种、刷漆遍数	m²	按设计图示尺寸，以面积计算	Z6-29、Z6-31、Z6-33、Z6-37～Z6-39、Z6-41
WB011405002	金属构件油漆	1. 构件名称 2. 腻子种类 3. 刮腻子要求 4. 防护材料种类 5. 油漆品种、刷漆遍数	t	按设计图示尺寸，以质量计算	Z6-30、Z6-32、Z6-34、Z6-36、Z6-40、Z6-42

P.6 抹灰面油漆（编码：011406）

项目编码	项目名称	项目特征	计量单位	工程量计算规则	定额编码
011406001	抹灰面油漆	1. 基层类型 2. 防护材料种类 3. 油漆品种、刷漆遍数 4. 部位	m²	按设计图示尺寸，以面积计算	Z6-48～Z6-54
011406003	满刮腻子	1. 基层类型 2. 腻子种类 3. 刮腻子遍数	m²	按设计图示尺寸，以面积计算	Z6-45～Z6-47
WB011406001	外墙真石漆	1. 基层类型 2. 腻子种类 3. 刮腻子遍数	m²	按设计图示尺寸，以面积计算	Z6-61～Z6-63
WB011406002	氟碳漆	1. 基层类型 2. 腻子种类 3. 刮腻子遍数	m²	按设计图示尺寸，以面积计算	Z6-64～Z6-65
WB011406003	环氧地坪漆	1. 基层类型 2. 腻子种类 3. 刮腻子遍数	m²	按设计图示尺寸，以面积计算	Z6-43、Z6-44
WB011406004	外墙装饰砂浆	1. 基层类型 2. 腻子种类 3. 刮腻子遍数	m²	按设计图示尺寸，以面积计算	Z6-55～Z6-60

P.7 喷刷涂料 (编码：011407)

项目编码	项目名称	项目特征	计量单位	工程量计算规则	定额编码
011407005	金属构件刷防火涂料	1. 喷刷防火涂料构件名称 2. 防火等级要求 3. 涂料品种、喷刷遍数	m²	按设计图示尺寸，以展开面积计算	J6-80~J6-83
011407006	木材构件喷刷防火涂料		m²	按设计图示尺寸，以面积计算	Z6-25、Z6-26

P.8 裱糊 (编码：011408)

项目编码	项目名称	项目特征	计量单位	工程量计算规则	定额编码
011408001	墙纸裱糊	1. 基层类型 2. 裱糊部位 3. 腻子种类 4. 刮腻子遍数 5. 粘结材料种类 6. 防护材料种类 7. 面层材料品种、规格、颜色	m²	按设计图示尺寸，以面积计算	Z6-66~Z6-69
WB011408002	分割缝、板缝	1. 基层类型 2. 缝类型	m	按设计图示尺寸，以长度计算	Z6-70~Z6-71
WB011408003	基层处理	1. 基层类型 2. 粘结材料种类 3. 防护材料种类	m²	按设计图示尺寸，以面积计算	Z6-72

附录 Q   其他装饰工程

Q.1   柜类、货架（编码：011501）

项目编码	项目名称	项目特征	计量单位	工程量计算规则	定额编码
WB011501001	柜体	1. 柜体规格 2. 材料种类、规格 3. 抽屉数量、规格 4. 五金种类、规格 5. 防护材料种类 6. 油漆品种、刷漆遍数	m²	按设计图示立面投影面积计算	Z8-1、Z8-3
WB011501002	柜饰面	1. 基层类型 2. 材料品种、规格、颜色 3. 压条材料种类 4. 防护材料种类 5. 油漆品种、刷漆遍数	m²	按设计图示尺寸，以展开面积计算	Z8-2
WB011501003	柜门	1. 柜门尺寸 2. 材料品种、规格 3. 五金种类、规格 4. 防护材料种类 5. 油漆品种、刷漆遍数	m²	按设计图示立面投影面积计算	Z8-4～Z8-5
WB011501004	五金	1. 五金名称、用途 2. 五金材质、品种、规格	副/套/个	按设计图示数量计算	Z8-6～Z8-11
WB011501005	成品保护	1. 保护对象名称，材质 2. 防护材料品种、规格 3. 防护要求	m²	按设计图示尺寸，以展开面积计算	Z8-63～Z8-69
WB011501006	石材磨边	1. 石材种类、规格 2. 磨边类型 3. 其他要求	m	按设计图示尺寸，以长度计算	Z8-70～Z8-72
WB011501007	石材面开洞	1. 石材种类、规格 2. 开洞类型、规格尺寸 3. 其他要求	个	按设计图示数量计算	Z8-73～Z8-74
WB011501008	瓷砖面开洞	1. 瓷砖种类、规格 2. 开洞类型、规格尺寸 3. 其他要求	个	按设计图示数量计算	Z8-75

Q.2 压条、装饰条（编码：011502）

项目编码	项目名称	项目特征	计量单位	工程量计算规则	定额编码
011502001	金属装饰条	1. 基层类型 2. 安装部位 3. 线条材料品种、规格、颜色 4. 防护材料种类	m	按设计图示尺寸，以长度计算	Z8-25～Z8-30
011502002	木质装饰线	1. 基层类型 2. 安装部位 3. 线条材料品种、规格、颜色 4. 防护材料种类	m	按设计图示尺寸，以长度计算	Z8-31～Z8-35
011502003	石材装饰线	1. 基层类型 2. 安装部位 3. 线条材料品种、规格、颜色 4. 防护材料种类	m	按设计图示尺寸，以长度计算	Z8-36～Z8-42
011502004	石膏装饰线	1. 基层类型 2. 安装部位 3. 线条材料品种、规格、颜色 4. 防护材料种类	m	按设计图示尺寸，以长度计算	Z8-43
011502005	镜面玻璃线	1. 基层类型 2. 安装部位 3. 线条材料品种、规格、颜色 4. 防护材料种类	m	按设计图示尺寸，以长度计算	Z8-44
011502007	塑料装饰线	1. 基层类型 2. 安装部位 3. 线条材料品种、规格、颜色 4. 防护材料种类	m	按设计图示尺寸，以长度计算	Z8-45
011502008	GRC装饰线条	1. 基层类型 2. 线条规格 3. 线条安装部位 4. 线条安装方式 5. 填充材料种类	m²	按设计图示尺寸，以展开面积计算	Z8-46

Q.3 扶手、栏杆、栏板装饰（编码：011503）

项目编码	项目名称	项目特征	计量单位	工程量计算规则	定额编码
011503001	金属扶手、栏杆、栏板	1. 扶手材料种类、规格、品牌 2. 栏杆材料种类、规格、品牌 3. 栏板材料种类、规格、品牌、颜色 4. 固定配件种类	m	按设计图示，以扶手中心线长度（包括弯头长度）计算	Z1-68、Z1-71
011503002	硬木扶手、栏杆、栏板	1. 扶手材料种类、规格、品牌 2. 栏杆材料种类、规格、品牌 3. 栏板材料种类、规格、品牌、颜色 4. 固定配件种类	m	按设计图示，以扶手中心线长度（包括弯头长度）计算	Z1-72～Z1-74
011503005	金属靠墙扶手	1. 扶手材料种类、规格 2. 固定配件种类	m	按设计图示，以扶手中心线长度（包括弯头长度）计算	Z1-75～Z1-77
011503006	硬木靠墙扶手	1. 扶手材料种类、规格 2. 固定配件种类	m	按设计图示，以扶手中心线长度（包括弯头长度）计算	Z1-78、Z1-79
011503007	玻璃栏板	1. 栏板、玻璃的种类、规格、颜色 2. 固定方式 3. 固定配件种类	m	按设计图示，以扶手中心线长度（包括弯头长度）计算	Z1-69、Z1-70
WB011503008	单独扶手	扶手材料种类、规格	m	按设计图示，以扶手中心线长度（包括弯头长度）计算	Z1-80～Z1-84
WB011503009	成品栏杆	成品栏杆材料种类、规格	m	按设计图示尺寸，以长度计算	Z1-85

Q.5　浴厕配件（编码：011505）

项目编码	项目名称	项目特征	计量单位	工程量计算规则	定额编码
011505001	洗漱台	1. 材料品种、规格、颜色 2. 支架、配件品种、规格	m²	按设计图示尺寸，以台面展开面积计算，不扣除孔洞、挖弯、削角所占面积	Z7-14
011505003	帘子杆	1. 材料品种、规格、颜色 2. 支架、配件品种、规格	个	按设计图示数量计算	Z7-20
011505004	浴缸拉手	1. 材料品种、规格、颜色 2. 支架、配件品种、规格	个	按设计图示数量计算	Z7-19
11505005	卫生间扶手	1. 材料品种、规格、颜色 2. 支架、配件品种、规格	副	按设计图示数量计算	Z7-23～Z7-24
11505006	毛巾杆（架）	1. 材料品种、规格、颜色 2. 支架、配件品种、规格	套	按设计图示数量计算	Z7-17～Z7-18
011505007	毛巾环	1. 材料品种、规格、颜色 2. 支架、配件品种、规格	副	按设计图示数量计算	Z7-15
011505008	卫生纸盒	1. 材料品种、规格、颜色 2. 支架、配件品种、规格	个	按设计图示数量计算	Z7-16
11505009	肥皂盒	1. 材料品种、规格、颜色 2. 支架、配件品种、规格	个	按设计图示数量计算	Z7-21～Z7-22
11505010	镜面玻璃	1. 镜面玻璃品种、规格 2. 安装方式 3. 框材质、断面尺寸 4. 基层材料种类 5. 防护材料种类	m²	按设计图示尺寸，以边框外围面积计算	Z7-12～Z7-13

Q.6　雨篷、旗杆（编码：011506）

项目编码	项目名称	项目特征	计量单位	工程量计算规则	定额编码
011506002001	金属旗杆	1. 旗杆材料、种类、规格 2. 旗杆高度 3. 旗杆配件种类、材质 4. 基础材料种类 5. 基座材料种类 6. 基座面层材料、种类、规格	根	按设计图示数量计算	Z8-76

Q.7 招牌、灯箱（编码：011507）

WB011507001	灯箱龙骨	1. 龙骨材料种类、规格 2. 装配尺寸、间距 3. 防护材料种类	kg	按设计图示尺寸，以质量计算	Z8-47～Z8-49
WB011507002	灯箱基层	1. 基层类型 2. 材料种类、规格 3. 安装、固定方式 4. 防护材料种类 5. 框边封闭材料种类、规格	m²	按设计图示尺寸，以展开面积计算	Z8-50～Z8-52
WB011507003	灯箱面层	1. 基层类型 2. 材料种类、规格 3. 安装、固定方式 4. 防护材料种类 5. 框边封闭材料种类、规格 6. 塞口、嵌缝材料种类	m²	按设计图示尺寸，以展开面积计算	Z8-53～Z8-55
WB011507004	牌面板安装	1. 基层类型 2. 材料种类、规格 3. 安装、固定方式 4. 防护材料种类	个	按设计图示数量计算	Z8-56～Z8-57

Q.8 美术字（编码：011508）

项目编码	项目名称	项目特征	计量单位	工程量计算规则	定额编码
WB011508001	美术字安装	1. 安装基层类型 2. 镂字材料品种、颜色 3. 字体规格、尺寸 4. 固定方式 5. 防护材料种类	个/m²	1. 成品美术字最大外围矩形面积在 1m² 以内的，以图示数量计算 2. 成品美术字的最大外围矩形面积在 1m² 以上的，以最大外围矩形面积计算	Z8-58～Z8-62

附录 R 拆除工程

R.1 砖砌体拆除（编码：011601）

项目编码	项目名称	项目特征	计量单位	工程量计算规则	定额编码
011601001	砖砌体拆除	1. 砌体名称 2. 砌体材质 3. 拆除高度 4. 拆除砌体的规格尺寸 5. 砌体表面的附着物种类	m³	按拆除部位，以体积计算	G3-1、G3-2、G3-5、G3-6

R.2 混凝土及钢筋混凝土构件拆除（编码：011602）

项目编码	项目名称	项目特征	计量单位	工程量计算规则	定额编码
011602001	混凝土构件拆除	1. 构件名称 2. 拆除构件的厚度或规格尺寸 3. 构件表面的附着物种类	m³	按拆除部位，以体积计算	G3-3、G3-7
011602002	钢筋混凝土构件拆除				G3-4、G3-8

R.3 木构件拆除（编码：011603）

项目编码	项目名称	项目特征	计量单位	工程量计算规则	定额编码
011603001	木地板（木楼梯）拆除	1. 构件名称 2. 拆除构件的厚度或规格尺寸 3. 构件表面的附着物种类	m²	按拆除构件的水平投影面积计算	G3-32

R.4 抹灰层拆除（编码：011604）

项目编码	项目名称	项目特征	计量单位	工程量计算规则	定额编码
011604001	平面抹灰层拆除	1. 拆除部位 2. 抹灰层种类	m²	按拆除部位，以面积计算	G3-10～G3-12
011604002	立面抹灰层拆除				G3-25
011604003	天棚抹灰层拆除				G3-18

R.5　块料面层拆除（编码：011605）

项目编码	项目名称	项目特征	计量单位	工程量计算规则	定额编码
011605001	平面块料拆除	1. 拆除的基层类型 2. 饰面材料种类	m²	按拆除部位，以面积计算	G3-13～G3-15
011605002	立面块料拆除				G3-21～G3-24

R.6　龙骨及饰面拆除（编码：011606）

项目编码	项目名称	项目特征	计量单位	工程量计算规则	定额编码
011606001	楼地面龙骨及饰面拆除	1. 拆除的基层类型 2. 龙骨及饰面种类	m²	按拆除部位，以面积计算	G3-31
011606002	墙柱面龙骨及饰面拆除				G3-19、G3-20
011606003	天棚面龙骨及饰面拆除				G3-16、G3-17

R.7　屋面拆除（编码：011607）

项目编码	项目名称	项目特征	计量单位	工程量计算规则	定额编码
011607002	防水层拆除	防水层种类	m²	按拆除部位，以面积计算	G3-9

R.8　铲除油漆涂料裱糊面（编码：011608）

项目编码	项目名称	项目特征	计量单位	工程量计算规则	定额编码
011608001	铲除油漆面	1. 铲除部位名称 2. 铲除部位的截面尺寸	m²	按铲除部位，以面积计算	G3-27、G3-28
011608002	铲除涂料、裱糊面				G3-29

R.9　栏杆栏板、轻质隔断隔墙拆除（编码：011609）

项目编码	项目名称	项目特征	计量单位	工程量计算规则	定额编码
011609001	栏杆、栏板拆除	1. 栏杆（板）的高度 2. 栏杆、栏板种类	m	按拆除部位，以延长米计算	G3-33
011609002	隔断隔墙拆除	1. 拆除隔墙的骨架种类 2. 拆除隔墙的饰面种类	m²	按拆除部位，以面积计算	G3-26

R.10　门窗拆除（编码：011610）

项目编码	项目名称	项目特征	计量单位	工程量计算规则	定额编码
011610001	门窗拆除	1. 室内高度 2. 门窗洞口尺寸 3. 材质	m²	按拆除部位，以面积计算	G3-30

R.14　其他构件拆除（编码：011614）

项目编码	项目名称	项目特征	计量单位	工程量计算规则	定额编码
011614003	窗台板、窗帘盒、门窗套拆除	1. 平面尺寸 2. 材质	m	按拆除部位，以延长米计算	G3-34
WB011614004	建筑垃圾外运	1. 建筑垃圾种类 2. 运距	m³	按需外运的建筑垃圾，以体积计算	G3-74、G3-75

附录 S　脚手架工程

S.1　脚手架工程（编码：011701）

项目编码	项目名称	项目特征	计量单位	工程量计算规则	定额编码
011701001	外脚手架	1. 搭设方式 2. 搭设高度 3. 脚手架材质	m²	按外墙中心线乘以高度的垂直投影面积计算	J7-1~J7-22
011701004	悬空脚手架	1. 搭设方式、部位 2. 悬挑宽度 3. 脚手架材质	m²	按搭设水平投影面积计算	Z7-29
011701006	满堂脚手架	1. 搭设方式、部位 2. 搭设高度 3. 脚手架材质	m²	按实际搭设的水平投影面积计算	Z7-24~Z7-25
011702008	外装饰吊篮	1. 升降方式及启动装置 2. 搭设高度及吊篮型号	m²	按其装饰面的投影面积计算	Z7-23
WB011701009	工具式脚手架	1. 搭设方式、部位 2. 搭设高度 3. 脚手架材质	m²	按实际搭设的水平投影面积计算	J7-23
WB011701010	单层轻钢厂房脚手架	1. 搭设方式、部位 2. 搭设高度 3. 脚手架材质	m²	1. 柱梁、屋面瓦等水平结构安装按厂房水平投影面积计算 2. 墙板、门窗、雨篷等竖向结构按厂房垂直投影面积计算	J7-24~J7-27
WB011701011	安全围护（网）立挂式	1. 搭设部位 2. 搭设高度 3. 围护（网）材质	m²	1. 按设计立挂的垂直投影面积计算 2. 按设计搭设的水平投影面积计算	J7-29~J7-30
WB011701012	内墙、梁柱面装饰脚手架	1. 搭设部位 2. 搭设高度 3. 脚手架材质	m²	按实际搭设的水平投影面积计算	Z7-24~Z7-28
WB011701013	挑脚手架	1. 搭设部位 2. 搭设高度 3. 脚手架材质	m	按实际搭设的长度计算	Z7-30

S. 2 混凝土模板及支架（撑）（编码：011702）

项目编码	项目名称	项目特征	计量单位	工程量计算规则	定额编码
011702001	基础	基础类型			J2-128～J2-134
011702002	矩形柱	柱截面尺寸			J2-137～J2-139
011702003	构造柱	柱截面尺寸			J2-142、J2-143
011702004	异形柱	柱截面形状			J2-140、J2-141
011702005	基础梁	1. 梁截面尺寸 2. 梁截面形状 3. 支撑高度			J2-145
011702006	矩形梁	支撑高度			J2-146
011702007	异形梁	1. 梁截面形状 2. 支撑高度			J2-147
011702008	圈梁	梁截面形状	m²	按模板与现浇混凝土接触面积计算	J2-150
011702009	过梁	梁截面形状			J2-151
011702010	弧形、拱形梁	1. 梁截面形状 2. 支撑高度			J2-148、J2-149
011702011	直形墙	墙类型			J2-153～J2-155
011702012	弧形墙				J2-157
011702013	短肢剪力墙、电梯井壁	墙类型			J2-156
011702014	有梁板	支撑高度			J2-161
011702015	无梁板				J2-162
011702016	平板				J2-163
011702017	拱板				J2-164
011702021	栏板	构件类型			J2-173
011702022	天沟、挑檐				J2-174
011702023	雨篷、悬挑板、阳台板	1. 构件类型 2. 板厚度	m²	按设计图示尺寸，以外挑部分水平投影面积计算	J2-171
011702024	楼梯	类型	m²	按楼梯（包括休息平台、水平梁、斜梁和楼层板的连接梁）的水平投影面积计算	J2-169、J2-170
011702026	电缆沟、地沟	构件规格类型	m²	按模板与现浇混凝土接触面积计算	J2-179
011702027	台阶	台阶踏步宽	m²	按图示台阶水平投影面积计算	J2-177

项目编码	项目名称	项目特征	计量单位	工程量计算规则	定额编码
WB011702028	设备基础留螺栓孔	螺栓孔规格、尺寸	个	按设计图示螺栓孔，以数量计算	J2-135、J2-136
WB011702029	阳台	尺寸	m²	按设计图示尺寸，以外挑部分水平投影面积计算	J2-172
WB011702030	柱支模超高			按超出 3.6m 部分的模板与现浇混凝土接触面积计算	J2-144
WB011702031	梁支模超高				J2-152
WB011702032	墙支模超高				J2-160
WB011702033	板支模超高				J2-168
WB011702034	大钢模墙板模板		m²	按模板与现浇混凝土接触面积计算	J2-158
WB011702035	建筑滑模模板				J2-159
WB011702036	坡屋面板				J2-165～J2-167
WB011702037	小型池槽	构件规格类型			J2-175
WB011702038	门框	构件规格类型			J2-176
WB011702039	压顶	构件规格类型			J2-178
WB011702040	混凝土腰线	构件规格类型			J2-180
WB011702041	小型构件	构件规格类型			J2-181
WB011702042	预制混凝土模板	构件规格类型			J2-182、J2-184、J2-185
WB011702043	预制花格窗模板		m²	按设计图示尺寸，以外围面积计算	J2-183

S.3 垂直运输（编码：011703）

项目编码	项目名称	项目特征	计量单位	工程量计算规则	定额编码
011703001	建筑垂直运输	1. 建筑物建筑类型及结构形式 2. 地下室建筑面积 3. 建筑物檐口高度、层数	m²	1. 建筑物地下室部分垂直运输按设计室内地坪（±0.00）以下的建筑面积，以面积计算 2. 建筑物上部建筑部分垂直运输按室内地坪（±0.00）以上的建筑面积总和，以面积计算	J7-36～J7-61、J7-75～J7-78
WB011703002	装饰垂直运输	1. 建筑物建筑类型及结构形式 2. 建筑物檐口高度、层数	m²	按相关系数计算	Z7-31～Z7-34

S.4 超高施工增加（编码：011704）

项目编码	项目名称	项目特征	计量单位	工程量计算规则	定额编码
011704001	建筑超高施工增加	1. 建筑物建筑类型及结构形式 2. 建筑物檐口高度、层数	m²	按建筑面积计算	J7-79～J7-96
WB011704002	装饰超高施工增加	装饰面高度	m²	按相应系数计算	Z7-35～Z7-38

S.6 施工排水、降水（编码：011706）

项目编码	项目名称	项目特征	计量单位	工程量计算规则	定额编码
WB011706001	明排水	1. 机械规格型号	m³	按排水体积计算	G1-75
WB011706002	槽、坑湿土排水	1. 机械规格型号	m³	按地质报告说明的地下水位以下的需排水的沟槽、基坑的体积计算	G1-76
WB011706003	地下室排水	1. 机械规格型号	m²	按地质报告说明的地下水位以下的需排水的地下室的建筑面积计算	G1-77
WB011706004	降水井	1. 井深	座	按实挖降水井，以数量计算	G1-78、G1-79
WB011706005	轻型井点降水安装、拆除	1. 机械规格型号 2. 降排水管规格	根	按使用数量计算	G1-80、G1-81
WB011706006	轻型井点降水使用	1. 机械规格型号 2. 降排水管规格	天	按使用天数计算	G1-82

构筑物工程规范表

A.1 池类（编码：070101）

项目编码	项目名称	项目特征	计量单位	工程量计算规则	定额编码
070101001	池底板	1. 池形状、池深 2. 垫层材料种类、厚度 3. 混凝土种类 4. 混凝土强度等级	m³	按设计图示尺寸，以体积计算	J8-1、J8-6
070101002	池壁	1. 池形状、池深 2. 混凝土种类 3. 混凝土强度等级 4. 壁厚			J8-2、J8-4、J8-5、J8-7、J8-9、J8-10
070101003	池顶板	1. 池形状 2. 板类型 3. 混凝土种类 4. 混凝土强度等级			J8-3、J8-8

A.2 储仓（库）类（编码：070302）

项目编码	项目名称	项目特征	计量单位	工程量计算规则	定额编码
070102001	仓基础	1. 基础类型、埋深 2. 混凝土种类 3. 混凝土强度等级	m³	按设计图示尺寸，以体积计算	J2-1～J2-8、J2-59～J2-66
070102002	仓底板	1. 仓类型 2. 仓截面尺寸 3. 仓底板厚度 4. 混凝土种类 5. 混凝土强度等级		按设计图示尺寸，以体积计算	J8-1
070102003	仓壁	1. 仓类型 2. 仓截面尺寸及壁厚 3. 立仓高度 4. 混凝土种类 5. 混凝土强度等级			J8-20、J8-22～J8-25、J8-27～J8-29

项目编码	项目名称	项目特征	计量单位	工程量计算规则	定额编码
070102008	仓漏斗	1. 漏斗形状 2. 混凝土种类 3. 混凝土强度等级	m³	按设计图示尺寸，以体积计算	J8-20～J8-25
070102004	仓顶板	1. 仓类型 2. 仓截面尺寸 3. 顶板类型 4. 混凝土种类 5. 混凝土强度等级		按设计图示尺寸，以体积计算	J8-21、J8-26

A.3　水塔（编码：070303）

项目编码	项目名称	项目特征	计量单位	工程量计算规则	定额编码
070103001	水塔基础	1. 基础类型、埋深 2. 混凝土种类 3. 混凝土强度等级	m³	按设计图示尺寸，以体积计算	J2-1～J2-8、J2-59～J2-66
070103002	水塔塔身	1. 塔身类型 2. 塔身高度 3. 混凝土种类 4. 混凝土强度等级		按设计图示尺寸，以体积计算	J8-36～J8-38、J8-43～J8-45
070103003	水塔水箱	1. 水箱容积 2. 混凝土种类 3. 混凝土强度等级		按设计图示尺寸，以体积计算	J8-39～J8-42、J8-46～J8-49
WB070103004	水箱提升	1. 水箱容积 2. 提升高度	座	按实际发生数量计算	J8-59～J8-66
070103004	水塔环梁	1. 混凝土种类 2. 混凝土强度等级	m³	按设计图示尺寸，以体积计算	J2-79、J2-19

A.6　烟囱（编码：070306）

项目编码	项目名称	项目特征	计量单位	工程量计算规则	定额编码
070106001	烟囱基础	1. 烟囱高度 2. 烟囱上口内径 3. 基础类型 4. 混凝土种类 5. 混凝土强度等级	m³	按设计图示尺寸，以体积计算	J2-1～J2-8、J2-59～J2-66
070106002	烟囱筒壁	1. 烟囱高度 2. 烟囱上口内径 3. 混凝土种类 4. 混凝土强度等级			J8-67～J8-80

A.7 烟道（编码：070307）

项目编码	项目名称	项目特征	计量单位	工程量计算规则	定额编码
WB0701070	烟道	1. 混凝土种类 2. 混凝土强度等级	m³	按设计图示尺寸，以体积计算	J8-93～J8-95、J8-100～J8-102

A.11 输送栈桥（编码：070311）

项目编码	项目名称	项目特征	计量单位	工程量计算规则	定额编码
070111001	支架基础	1. 基础类型、埋深 2. 混凝土种类 3. 混凝土强度等级	m³	按设计图示尺寸，以体积计算	J2-1～J2-8
070111002	混凝土支架	1. 支架类型 2. 混凝土种类 3. 混凝土强度等级	m³	按设计图示尺寸，以体积计算	J8-89～J8-92、J8-96～J8-99

C.1 脚手架工程（编码：070301）

项目编码	项目名称	项目特征	计量单位	工程量计算规则	定额编码
070301001	水塔脚手架	1. 搭设方式、部位 2. 搭设高度 3. 脚手架材质	座	按"座"计算	J7-30～J7-35

C.2 模板工程（编码：070302）

项目编码	项目名称	项目特征	计量单位	工程量计算规则	定额编码
070302001	池类	1. 构筑物形状 2. 几何尺寸 3. 壁、梁、柱、隔墙厚度	m²	按现浇混凝土与模板接触面积计算	J8-11～J8-19
070302002	贮仓类		m²		J8-30～J8-35
070302006	烟囱		m²		J8-81～J8-88
070302007	烟道、支架		m²		J8-103～J8-109
070302014	水塔滑升模板		m³		J8-50～J8-57
WB070302015	水塔环梁模板		m²		J8-58

C.3 垂直运输（编码：070303）

项目编码	项目名称	项目特征	计量单位	工程量计算规则	定额编码
070303001	构筑物垂直运输	1. 构筑物类型及结构形式 2. 高度	座	按"座"计算	J7-62～J7-73
WB070303002	钢筋混凝土水池垂直运输		m²	按结构外围投影面积计算	J7-74